U0163271

基于ARCADIA建模方法的
系统架构工程

Model-based System and Architecture Engineering with
the ARCADIA Method

[法] 让·吕克·瓦兰 (Jean-Luc Voirin) 著
唐 剑 蒋 欣 等译

上海交通大学出版社
SHANGHAI JIAO TONG UNIVERSITY PRESS

内容提要

本书围绕基于模型的系统工程方法论 ARCADIA 展开，系统阐述该方法论的核心构成要素、基本原理、设计和分析过程、支持的每种视角等内容，并通过具体案例阐述了产品研制过程的关键活动，深入浅出地论述了 ARCADIA 方法论的应用，包括如何与需求、六性、集成验证等环节相互集成。ARCADIA 方法论在需求管理、系统设计、产品集成、确认和验证等方面的成果实践可以为在航空领域推广基于模型的系统工程流程、方法和工具提供参考。

This edition of *Model-based System and Architecture Engineering with the ARCADIA Method* by Jean-Luc Voirin is published by arrangement with ELSEVIER LTD. Of The Boulevard, Langford Lane, Kidlington, OXFORD, OX5 1GB, UK. Chinese edition@ Elsevier Ltd and Shanghai Jiao Tong University Press.

上海市版权局著作权合同登记号：09 - 2018 - 754

图书在版编目（CIP）数据

基于 ARCADIA 建模方法的系统架构工程/（法）让·吕克·瓦兰著；唐剑等译. —上海：上海交通大学出版社，2023.4
（大飞机出版工程）
书名原文：Model-based System and Architecture Engineering with the ARCADIA Method
ISBN 978 - 7 - 313 - 26704 - 7

Ⅰ．①基…　Ⅱ．①让…②唐…　Ⅲ．①民用飞机-系统工程-系统建模　Ⅳ．①V249

中国版本图书馆 CIP 数据核字（2022）第 053285 号

基于 ARCADIA 建模方法的系统架构工程
JIYU ARCADIA JIANMO FANGFA DE XITONG JIAGOU GONGCHENG

著　者：[法] 让·吕克·瓦兰（Jean-Luc Voirin）		译　者：唐 剑 蒋 欣 等	
出版发行：上海交通大学出版社		地　址：上海市番禺路 951 号	
邮政编码：200030		电　话：021 - 64071208	
印　制：镇江恒华彩印包装有限责任公司		经　销：全国新华书店	
开　本：710mm×1000mm　1/16		印　张：20.25	
字　数：315 千字			
版　次：2023 年 4 月第 1 版		印　次：2023 年 4 月第 1 次印刷	
书　号：ISBN 978 - 7 - 313 - 26704 - 7			
定　价：168.00 元			

本书译校委员会

主　任

唐　剑　蒋　欣

副主任

朱少凡

成　员

谭文韬　邢培培　吴　健

汪　漪　查振羽　钱首尚

王世元　代　杰　张君一

译者序

不断提升的产品复杂度，不断缩短的研制周期，不断提高的功能要求、功能软件化以及与硬件的耦合度，是复杂系统研制单位所面临的共同挑战。传统的基于文档的系统工程设计手段越来越难以满足复杂产品研发、制造、服务等全生命周期过程所面临的多专业、多组织协同、设计方案充分迭代、产品充分验证等需求。工业界越发认识到，产品的早期定义和工程研制阶段是至关重要的，这决定了产品进入运营阶段能否达到预期目标，决定了能否尽早发现问题并予以解决以最大化地降低风险。

基于模型的系统工程（model based system engineering，MBSE）正是在上述背景下应运而生，为解决复杂系统需求分析、功能分析和架构设计问题提供了有效途径。通过在传统系统工程实践过程基础上加入模型的应用，实现对研制过程中关键信息的模型化表达、仿真、权衡、传递，进而实现产品在早期定义和研制过程的全局最优。MBSE在国外经历了十多年的发展，已逐步成为一门十分重要的交叉学科，同时也成为国内外系统工程技术研究的重要前沿阵地。

ARCADIA方法论是法国泰雷兹（Thales）集团用于定义和验证复杂系统架构的一种结构化工程方法，配套有Capella建模工具。自2005年开始，被广泛应用于泰雷兹集团的航电、轨交、航天以及雷达系统等关键产品。自2017年向工业界开放以来，其以开放、开源、完整的特点，迅速在欧洲得到多个行业的应用，不久也得到我国一些科研机构的关注和试点应用，如中国商飞北京民用飞机技术研究中心在航空电子系统研发项目中对其进行了试点探索应用。

本书是ARCADIA方法论之父让·吕克·瓦兰的大作。全书围绕ARCADIA方法论展开，系统论述了该方法论的核心构成要素、基本原理、设计和分析过程、支持的每种视角等内容，继而针对产品研制过程的关键活动，逐一讲解了 ARCADIA 方法论的应用，包括如何与需求、六性、集成验证等环节相互集成，最后再深入浅出地论述了该方法的语言和关键概念。作者通过一个列车道路控制系统案例串讲，将相关概念和方法有效地串连在一起，非常有助于读者阅读与理解。

本书可以帮助读者深入学习 ARCADIA 方法，以及基于该方法如何在项目中实施 MBSE，是一本具有指导意义的书籍。本书介绍的方法和流程具有通用性，在航空、航天、轨道、船舶、汽车等领域都可以应用和参考。

译者衷心感谢原著作者让·吕克·瓦兰和爱思唯尔（Elsevier）出版社的信任，感谢上海交通大学出版社杨小芳编辑贯穿于本书从版权申请到正式出版整个过程的大力支持。在翻译本书的过程中，中国商飞北京民用飞机技术研究中心的朱少凡、谭文韬、邢培培、汪潇以及中国商飞上海飞机设计研究院的吴健做了大量基础工作，在此对他们的付出表示感谢。

由于译者水平有限，书中难免有疏漏和不妥之处，欢迎读者批评指正。

译者

前　言

事情应该力求简单，不过不能过于简单。

——阿尔伯特·爱因斯坦[①]

我要不知疲倦地一直奋斗，直到这晦暗、顽固的孕育混乱和骚动的孤岛，
变得抽象、透明，让人一眼就能看透！

——米歇尔·图尼埃《礼拜五—太平洋上的灵薄狱》

谢谢 Eric L. 引用这些话

本书的目的和作用

架构分析与设计集成方法（ARCADIA 方法）致力于帮助人们掌握工程系统和基于模型的架构定义。该方法是近十年集体努力的结晶，目前仍在不断演化中。

该方法之所以流传至今，是因为它已为人们所接受和验证。作为实际运行场景的一部分，该方法的用户和受益者们，也就是那些真正参与工程的人，最想要的就是尽可能地降低设计当前复杂系统的难度。

方法本身不是目的，其目的是解决工程中存在的如下主要问题。

（1）采用什么形式表达客户假定或预期的需要？是需求、文档、模型或协同工作？

[①] 爱因斯坦的原话是："不应否认任何理论的终极目标都是尽可能让不可简化的基本元素变得更加简单且更少，但也不能放弃对任何一个单一经验数据的充分阐释。"详见：https://en. wikiquote. org/wiki/Albert_ Einstein.

（2）如何分析这一需要？如何保证其一致性、可行性？

（3）解决方案的构建必须经过哪些步骤才能得到保证和优化？如何应对随之而来的复杂性？

（4）如何在各个工程阶段描述解决方案？解决方案如何在整个工程生命周期中稳妥地推进？

（5）对于该解决方案，可以采用什么方法对需要演化，对技术、工业或架构约束进行影响分析？

（6）为了选择最佳折中方案，应如何分析和评估潜在解决方案的不同备选方案？

（7）为实现此目的，不同专业如何合作？

（8）与可能影响其定义的需要和专业知识相比，我们如何证明该解决方案的合理性？

（9）如何制定和证明有效的产品政策？如何构建与约束兼容的解决方案？

（10）如何协调不同的工程层级？如何定义方案的框架以及对分包商的要求？

（11）如何定义一个有效的集成、验证、确认和控制策略来实现该解决方案？

（12）如何定义面向危险并回归风险的集成、验证和确认策略？

本书试图为这些工程中的基本问题提供解答，这些问题也可以作为在特定环境中部署模型驱动工程的参考。

本书主要面向工程从业者、当前用户或希望在实际操作中应用该方法的人。因为篇幅有限，所以本书侧重点主要在为读者提供方法支持而非具体实现。

此外，本书不是一本关于模型驱动工程系统的专著。实际上，虽然ARCADIA有时能够提供一些依据，但没有明确提及该领域的最新技术。书中所涉及的概念需要读者自行理解，不能借鉴文献中的类似概念，读者可以在参考最少文献的前提下，只通过本书即足以理解概念。

本书结构

第一部分介绍了构成该方法核心的实际工程方法的基本原理。

（1）设计的动机、定义及部署的背景、适用范围。

（2）构建方法的主要视角。

（3）功能分析流程（ARCADIA方法论的核心）。

（4）各种开发视角的详细内容：运行场景分析、系统需求分析（system requirements analysis, SRA）、逻辑架构（logical architecture, LA）、物理架构（physical architecture, PA）、解决方案构建策略（building strategy, BS）。

第二部分通过实施关键工程活动，说明了该方法及其定义模型的基本原理的运用。

（1）架构定义中专业工程的集成。

（2）需求工程。

（3）集成、验证和确认过程（integration, verification & validation, IVV）。

（4）不同工程层级之间的关系。

（5）系统状态、模式和监督工程。

（6）对产品线工程的贡献。

第三部分以类似于百科全书的形式详细描述了该方法的语言和概念以及它们之间的关系。

（1）用于功能描述的概念。

（2）用于将状态和模式描述形式化的概念。

（3）用于结构化描述的概念。

（4）功能描述和结构化描述的关系。

（5）描述数据交换及其与功能描述、结构化描述之间关系的概念。

（6）各种补充概念，包括与产品线或集成、验证和确认有关的概念。

（7）汇集这些概念的全局模型构建方法。

快速阅读建议

为了快速阅读该方法，热切的读者可以先查阅第2章。

第一部分是有关该方法及其实现的详细介绍，概述了功能分析方法及发展前景，至少应按章节顺序阅读这部分章节。

第二部分很好地说明了ARCADIA对工程的贡献。

第三部分给出了应用该方法的必要元素，描述了ARCADIA的语言和概念。阅读这部分时,最好参考第一部分中相关的图表示例,其为对这些概念使用的说明。

致谢

对我而言,无论是在知识层面还是在专业层面,或许更重要的是在人类层面上,ARCADIA 的定义、它的工具以及在泰雷兹(Thales)集团内部的部署一直(至今)都是一次激动人心的冒险。我今天仍感到非常幸运,可以找到这样一个非常具有支持性的企业环境,一种难得有效的方法,最重要的是一个具备非凡技能、创造力、投资能力、希望参与集体项目且自信的团队,这仅仅是因为他们对自己的职业充满激情。

所有与我共事于 ARCADIA 及其部属的人以及在此我要表达敬意的人,他们来自不同的组织和领域(包括航空、陆地运输、民用航空电子、空勤任务系统、海军系统、声学、光电子学、空中交通管制、监控和安防系统、通信系统、技术管理/运行/方法和工具等),属于不同的国家,泰雷兹在这些国家中基本是一体化的(特别是德国、澳大利亚、加拿大、法国、荷兰和英国)。尽管如此,我几乎每天都情不自禁地感到惊叹,在泰雷兹首席执行官的独立分级领导下,我们共同完成了这样一个集体项目。当然,不管身处泰雷兹还是其他公司,抑或是在其他国家,很多人都将自己的精力和专业知识更广泛地运用到这项工作中,他们同样值得感谢。然而,我必须重申一下,能够直接评价你们的品行和专业素质,这的确是一种莫大的荣幸。

非常感谢 Martin D.,没有他一切都不可能实现。十年来,他一直对我们充满信心,给予我们坚定的支持、鼓舞和动力。感谢 Pascal F.,他和 Martin D. 一起在准备"接下来的两步"时,有超前的眼光,发现了一条充满希望且至今仍然支持的道路。

感谢 Stéphane B.,他是我在许多地方和遇到不同情况时的同伴,他的友好、工作效率和能力在很多方面给我留下了深刻印象。

感谢 Eric L.,我的至交,也是该方法的同行,他知道如何具体化或清除我的有时让人困惑的想法。感谢 Loïc P. 和 Yannick T. 以及 Daniel E. 和他的团队,他们在为最终用户定制的工具中实现了我们的想法;感谢 Frederick M.,他为了最终用户的利益,经常让我们感到如芒在背,常常制止我们的胡思乱想并把我们拉回现实。

最后，感谢下面每一个人的独特贡献[①]：

Pierre-Marie P. , Xavier L. , Eric G. , Jean-Luc W. ; Véronique N. ; Béatrice B. , Anne D. , Eric M. , Tony S. , Guillaume J. , Philippe F. , Alexandre G. , Denis A. , Sébastien D. , Franck T. , Gilles B. , Philippe S. , Matthieu P. , Arnaud H. ; Stéphanie C. , Laetitia S. , Frédéric F. , Muriele P. , David A. , Stéphane V. , Philippe L. ; Michael S. , Gunnar S. , Frank M. , Rodney I. ; Laurens W. , Peter H. ; Marine M. , Claire L. , Florence S. , Philippe B. , Alain P. , Laurent S. ; Vincent I. , Nicolas M. , Jean-Baptiste C. , François C. T. , Marion M. , Alain L. , André L. , Emmanuel R. ; Joe S. , David Mc. P. , Allan E. , Andy H. ; Milos K. , Dean K. , Fabrice L. , Gilles B. ; Ismaël D. , Olivier T. , Olivier H. , Michel R. ; Gregory C. , Arnaud B.

我向没有提到的所有人表示歉意，包括我们泰雷兹以外的所有合作伙伴，正是由于你们的开放性和推动力，该团体得以至今仍不断发展。

本书中的所有图片均可在以下网址查看：www. iste. co. uk/voirin/arcadia. zip.

让·吕克·瓦兰
2017 年 10 月

---

① 按组织隶属关系分组和排序。

目　录

1 ARCADIA 的动机、背景和介绍

1.1 背景与挑战

当前的复杂系统受到多种需求或约束（有时相互冲突）的限制，所以，在当前越发激烈的竞争环境中，需要系统能够具备更强的响应性和适应性，以满足功能性需求（最终用户要求的服务）和非功能性需求（人机工效、安保性、运行安全性、质量、可扩展性、环境、接口等），缩短系统设计周期，同时能够对客户的要求和目标有很好的理解。

系统的初始定义和工程设计阶段非常关键，因为它们决定了所定义的系统架构是否能够满足客户需要，并且是否合理考虑了从架构中产生的子系统或部件的需求。为了有效控制进度和成本，需要在系统设计阶段验证解决方案是否充分满足客户需要和约束，从而把由于过晚发现解决方案存在限制的风险降至最低，并在系统详细设计阶段、系统集成或系统确认阶段或多或少地对架构设计师提出改进建议。

考虑到工程中包含大量的关键参与者，系统复杂度进一步增加。关键参与者包括客户、最终用户、运营分析师、不同系统层级的架构师、领域专家（性能、算法、安保、运营安全、产品线、机械、热力、电子和信息系统等）、研制（设计、软件、硬件等）和集成团队。

另一种类型的约束在今天的系统和产品开发中也越来越明显，可以用两个词来概括：可变性和敏捷性。

一方面，客户需要是多样化且不断变化的，因为客户本身面临着不断变化的环境；另一方面，为了降低成本，制造商需尽最大的努力来提高产品的通用

性，从而最大限度地实现重复利用。

同时，制造商也越来越有必要增强敏捷开发的能力，以减少设计周期，快速定义和评估越来越多的备选方案，并快速、安全地响应开发、设计或解决问题过程中的要求。

最后，多个组织和公司（总承包商、承包机构、子系统主要供应商）之间的分布式工作模式也加大了沟通和协调工作的难度。各方的约束不同，产品和做法必然不一样，但它们却需要支撑共同的方案。

因此，支持大型团队、多学科、多分包商的能力开发对部署协同工程或者敏捷的协同工程方法至关重要，此方法的重点是系统架构的构建和确认，并最大限度地确保工程协调和来自不同公司工程产物的一致性，这就是本书中介绍的架构分析与设计集成方法（architecture analysis and design integrated approach，ARCADIA）的目的。

1.2 历史：ARCADIA 方法论的诞生

1.2.1 工程演化

21 世纪初，泰雷兹集团[①]面临着许多领域市场和产品的重大变革，其中一个变革，推动了集团从被第三方整合的独立设备供应商，转变为提供一站式解决方案和综合系统的供应商，包括空中交通控制系统、防务、卫星系统、通信基础设施和网络、监视和安保系统、关键信息系统等。

新的形势也带来了工程问题的转变：工程不得不假定客户从主要关注技术性能的需要表达方式转变为基于预期能力的方式，换句话说，关注提供有质量保证的运行能力，而不对解决方案的性质抱有成见。同时，在解决方案的发展过程中，问题本身也在经历着转变：以往问题与工程专业的主要技术特征相关，如算法处理、机械特性、环境条件的适应性、绝对性能等，如今新挑战变

① "泰雷兹集团在航空航天、交通运输、防务和安保先进技术领域处于世界领先地位。泰雷兹集团在 56 个国家拥有 64 000 名员工，2016 年营业额达到 150 亿欧元。泰雷兹集团拥有超过 25 000 名工程师和研究人员，帮助其全球客户应对更加复杂的环境，在每一个关键时刻快速高效地做出决策"。（泰雷兹通讯）

得越来越重要，解决方案需要全局优化而不是局部优化，并且需要适应各种不断变化的运行环境、产品策略、货架产品的使用、日益增强的安保性和运行安全性影响、认证要求、人为因素等，大型系统架构在某些领域也成了主要甚至突出的特点。

1.2.2 2001—2006 年：首次尝试基于模型的方法

2001 年，为了开展建模方法、标准和技术的新领域研究，以软件系统领域的研究项目（命名为 MDSysE for Model-Driven System Engineering）形式启动了第一个试点工程［EXE04, NOR 05］。虽然在实践中，建模已经以有限的方式用于记录设计，但驱动工程和完全支持系统架构分析和设计的能力尚未得到确认。依赖于当时的技术水平，定义和试验了不同工具的方法、语言和解决方案——语言和 Profile 选用了形式化的 UML［UML 15］，建模过程选用了 Rational Unified Process［KRU 98］等。这项研究活动有助于泰雷兹团队内部构建方法论和建模技术，以及从运行试验中获得初步经验教训。

第一次运行部署的结果好坏参半：虽然被认为是有用的，并能够指导工程思维，但这种方法仅涵盖了工程活动中非常有限的部分，过于偏离实践和业务流程，且在功能设计层面几乎毫无作用。此外，对于系统工程师来说，依赖 UML 的语言显得过于复杂和不自然，并且 UML 难以描述系统工程师关注的系统特性。

1.2.3 2006 年：从工程改造到新方法提出

为了满足系统工程的潜在挑战，综合管理层对系统工程的现有实践进行了全局分析，用以收集改进的反馈意见，以及提出并尝试调整后的方法。全局分析邀请了各个工程领域和产品的关键参与者（运行分析师、需求经理、架构师、软件/硬件开发人员、安保性/安全性专家、保障专家、集成商等），参与专家不仅阐述了当前的技术水平、项目实施中可能遇到的困难以及他们的要求，还定义了全新的实践方法。更重要的是，专家们承诺将在各自的大型项目中实践全新的方法，以便对其有效性进行真实的评估。

很快，泰雷兹内部的大多数团队都采用了相同的工程实践（尽管专业和应用领域差别很大），并意识到为了满足新的市场约束必须弥补同样的缺陷。更值得注意的是，他们期望的新方法在大多数情况下非常相似。

（1）深化对客户需求的分析，以便更清楚地了解客户的要求、目标、能力等，以及解决方案如何满足这些要求。

（2）注重架构定义的质量并提高架构师的地位，以提高工程和系统集成的有效性。

（3）加强架构师与领域专家之间的关系（安保性、性能、接口管理等），以达成一致的联合决策。

（4）提高不同工程层级之间的连续性和一致性（软件、硬件、系统、子系统和机械加工）。

（5）在设计阶段而不是系统集成阶段，尽快确认架构定义并发现设计缺陷。

（6）在设计阶段初期，确定以能力为重点的功能策略，通过此策略提高集成、验证和确认的效率。

（7）利用设计定义及其结果改进重用策略和产品策略。

根据收集到的最佳实践和要求，开始制订具体的方法论。方法论定义了工程实施的活动、多种分析方法、用于表示工程领域中各种概念的元素及其开发和控制程序。很快地，方法论的一般性和广泛性就以集合过程的形式体现，集合过程可以转换为基于形式化表达语言的结构化方法，这构成了 ARCADIA 方法论的前提。

1.2.4　首次部署——新的挫折

该方法的初始版本是一个自上而下、结构性强、活动有严格逻辑顺序的实施过程。第一种语言元素同时借鉴了 NATO Architecture Framework ［NAT 07］架构框架、已经提到过的 UML 语言及其面向系统工程的 Profile 组成的 SysML ［OBJ 15］以及 AADL 架构描述语言 ［FEI 06］。该方法是功能分析的一个重要组成部分，其某些方面与外部功能分析方法（如 APTE ［DEL 00］）相似。

在项目实施过程中，为了支持不同的语言，连续使用和评估了几种现成的商用建模工具。

遗憾的是（或者说幸运的是），这种情况下的反馈结果不尽如人意，该方法论确实能够满足工程研制中的大部分需求，并可以正确合理地指导工程，但由于以下几个原因，其实施的有效性不足。

（1）没有一种建模语言能够达到要求的效果，也无法支持复杂系统，实践中遇到的问题与第一次尝试 MDSysE 时类似，系统工程师拒绝使用该语言，只能接受与建模专家合作。

（2）方法过于僵化，实施周期过于理论化，与真实项目和产品的生命周期（自下而上、由里向外、增量、迭代、敏捷等）不兼容。

（3）配套工具难以支持复杂系统的构建，无法降低系统的复杂度，并且难以支持多人并行开发和大型模型的使用。因此，大型系统的定义及其维护成本变得令人望而却步。

（4）工具过于通用化，在方法论实施过程中缺乏足够的指导，使用者无从着手，使得采用该方法变得更加困难。

（5）最后，这些工具几乎没有考虑每个专业的具体特点，仅侧重于建立描述性模型（本质上是为文档使用），而不是因袭（专业）习惯的支持分析的模型。

1.2.5 过渡到对方法论的敏捷定义过程

此时，决定将方法论及其工具的开发建立在"敏捷"方法的基础上，新的方法论将基于用户需求（user requirements，UR）和实际条件进行部署测试，主要包括如下更新。

（1）从每个工程学科的工程实践和挑战入手，开发能够应对挑战的方法论要素。

（2）根据工程文档中实际的架构描述，定义工程领域特有的语言。

（3）将方法论应用到工程领域的全新挑战，如专家工程、多层次工程和集成确认与验证，以评估方法论应对这些挑战的作用。

（4）将方法论应用到不同生命周期和工程实践中，以定义和验证其适应性。

（5）确保方法和语言具有通用性，同时允许每个领域根据其专业知识进行定制和增强。

为了促进方法论的应用，需要在几个月内的实际业务环境中完成方法论要素的系统性测试。为此，泰雷兹设计了一个专用的建模工具原型作为试验平台，以全面研究方法论概念的可用性和实践的可行性，在用户允许的迭代期限内，借助该工具实现定义、实施、测试、部署和确认的快速迭代。

1.2.6 全局运行部署和成熟度

接下来的几年时间，专注于将方法论与实际工程情况进行比较，以评估、改进和整合方法论，在此期间发布了第一份培训材料，并且整合了方法论的大部分内容。在 2008 年，通过各种情况下的应用，运行工程师认可了原型工具对研制工作的巨大帮助。因此，泰雷兹决定利用该原型工具来支持 ARCADIA 领域的专用语言（domain-specific language，DSL），并成立了一个专用的工业工程研讨会，其核心是构建专门用于实施 ARCADIA 的建模工具，名为 Capella① [POL 17a]。

依据实际环境中的运行试验，方法论和工具的改进持续了约 2 年。方法论和工具均遵循敏捷规则，方法论的核心也在 2009 年基本定型。

2010 年底，管理层认为该方法论和工具是实现工程真正转型的一个重要支撑，可以有效提高工程的质量和效率。同时，方法论和工具也达到了第一级成熟度，足以大规模部署。因此，泰雷兹管理层决定将其在主要运行项目中部署。

应该注意的是，从首次尝试开始，泰雷兹花费了约 8 年才基本确定了基于模型的系统工程（model-based system engineering，MBSE）全局解决方案（其基本能力，包括方法论及其工具平台）的最初版本 [VOI 15b]。

随着泰雷兹 MBSE 成熟度的迅速提高，ARCADIA 及其配套建模工具 Capella 也在不断改进中。2015 年底，超过 1 000 名泰雷兹工程师接受了相关培训。如今，泰雷兹的大多数部门和团队在全球各个国家的运行项目中成功部署了该方法及其工程研讨会。

---

① Capella 在泰雷兹集团的名称是 Melody Advance。

在 2015 年，泰雷兹将 ARCADIA 方法论和 Capella 建模工具发布到公共平台，相应代码在 Eclipse 基金会［POL17b］中的 Polarsys 工业工作组发布为开放源代码。

与此同时，Clarity 联合体［CLA 15］将制造商、软件出版商、服务提供商和学术界聚集在一起，确保该方法论和工具的推广和传播，并以此促进越来越多的行业、学术界、组织等团体能够使用该方法论和工具。

1.3 ARCADIA 的适用范围

由于以架构或工程概念为中心的活动众多，需要简要定义方法论的适用范围。

架构的定义和架构师工作职责的确定将有助于进一步确定解决方案的一系列关键活动：捕获和整合影响解决方案框架的主要约束以及利益攸关方的关键要求或需求；通过考虑各种架构概念方案探索解决方案空间并指导相关的权衡分析。

这些工作的共同点是寻找一种全局的方案，局部决策也可以影响全局的权衡，当局部决策与全局方案兼容时即可启动设计工作。

架构包含了不同层级的抽象概念，从非常高层级的视图和关注点（基于意图的描述），掌控架构主要决策的涌现与定位，以完整实施详细架构决策，从而直接驱动设计。

1.3.1 关注架构协作开发而非架构探索

ARCADIA 主要用于工程研制和架构定义。

ARCADIA 致力于加强工程团队、客户、最终用户和解决方案架构师等主要参与者之间的协作，同时也加强领域专家、子系统实施团队以及集成团队之间的协作。一方面，ARCADIA 定义了系统方案需要满足的需求、实现条件、要求行为和内部组织，并支持设计人员编制系统或其子系统硬件、软件、机械部件等的规格说明，以此来详细描述预期功能、接口和交互模式。

另一方面，ARCADIA 认为，问题和解决方案空间足以比较功能性和结构性的备选方案。因此，方法论不包括上述指导活动。

ARCADIA 用于构建全面的需求解决方案，不一定局限于某个产品或系统，还包括其部署、实施、生命周期（使能系统）、运营商和贡献者等，这些都被视为"系统"的一部分。术语"系统"是广义的，甚至可能适用于比传统意义上的系统更抽象的组织，为了方便起见，本书的其余部分统一使用"系统"这个词。

1.3.2　与领域专家合作但不涉及其核心专业

从广义上讲，ARCADIA 专注于架构和工程问题，并不包括核心的专业工程（安保性、运行安全性、保障、可靠性、客户支持、人为因素等），也不包括算法或逻辑处理的定义。另外，ARCADIA 能够对架构施加专业领域约束，以此影响架构的定义和选择，并将这些工作建立在构建权衡的架构描述的基础上。

1.3.3　关注架构的定义和设计而非架构的开发实现

开发工作一旦开始，方法论的使用就此结束，方法论不包括零件或机械装配的几何定义及其机械性能的验证，即使其中有对工程模型的仿真，这也不是 ARCADIA 的主要目标。

同样，方法论可能有助于定义以电子处理为中心的高性能计算或软件部件的架构，但并不包括这些软件或电子部件的详细设计。除此之外，方法论可以为详细设计提供输入，如结构描述或接口文件、原理布线图、运行和测试场景等。

1.3.4　一些非常广泛的应用范围和领域

任何方法论都不具有普遍性，之前讨论了 ARCADIA 支持的工程活动，接下来需要讨论方法论所适用的领域。方法论可能的适用领域很广：航空航天设备和系统、空中交通管制、地面和空间卫星系统、铁路安全关键系统、区域监视系统、城市管理、电信和网络、国防任务系统、探测设备（如雷达或光电设备）、发电系统和热机、电厂反应堆或燃料维护部件管理、汽车部门等。实际上，任何架构受功能性或非功能性约束影响的系统，都可以使用该方法论。

此外，即便 ARCADIA 具有适用于解决复杂领域、系统和工程的潜力，也不应误导大家认为 ARCADIA 就是为高度复杂环境、大规模系统和需要多团队多角色协作的大型系统量身定制的。试验表明，该方法论可以有效地应用于小型开发项目、招标项目甚至很多工程院校的学生项目中。

1.4　ARCADIA 介绍

ARCADIA 是一种用于定义和验证复杂系统架构的结构化工程方法，该方法论促进了系统和子系统所有关键参与者从工程（或定义）阶段到集成、验证和确认过程（integration，verification & validation，IVV）阶段的协同工作。借助 ARCADIA 可以在定义阶段尽早开始迭代过程，从而使架构能够充分考虑所有已确定需求。

ARCADIA 通过形式化运行需要分析、功能性需要和非功能性需要分析（系统的预期功能、功能链等）来支撑工程研制，然后对功能分析架构进行定义/论证。在本书各章的深入介绍之前，下文简要介绍了 ARCADIA 的一般规则。

（1）方法论的目标之一，工程中的所有利益攸关方通过通用语言描述的共享模型①分享信息，包括相同的系统方法、信息、需要和产品描述。除了上述用法外，这些模型还有助于规范系统的开发和实施，并支持架构选择的分析和对其特性的预期验证。

工程研制中描述需求和解决方案的信息，集合在由工程的各个参与者共享的一个（或一组）模型中，该模型名为工程模型。同时，也存在其他类型的模型，如专门用于各种专业（安全性、安保性、性能、三维数字表示等）以及其他工程数据（构型管理、测试活动和测试结果、缺陷数据库等）的需求信息、研究和仿真模型。但是，所有与上述模型和信息之间的链接以及每个利益攸关方的接入点，都应由工程模型提供。

---

① 这里提到的模型是一个泛化的概念，是对给定用途的元素进行简化且形式化的表示，不应该简化为计算机实现这一概念的视图。

（2）不同工程层级（系统、子系统、机械设计、电子、软件等）之间的协同工程由一个联合模型开发的框架支持，不同层级和专业领域的模型相互推导、确认或关联。

这些模型是工程设计的技术"合同"的一部分，合同的满意度靠模型的一致性保证。更重要的是，模型要支持子系统验证和确认策略。

（3）与专业工程（安保性、运行安全性、人为因素、性能、成本、质量、可扩展性、环境、接口、保障等）的联合工程由多视角方法支持。

与专业相关的每一组约束都是在一个专门的"视角"中描述的。首先从专业视角来描述系统要求（"需求"、可怕事件、预期的性能或行为等），然后每个备选方案架构都要接受与视角相关的"标准"验证，架构验证标准建立之后即可在定义/设计阶段通过分析架构描述模型，并最早地验证所提出的架构。优点是能够尽快地集成所有产生的约束条件，并得出最佳折中方案，同时也能够证明架构选择的正确性以及需求符合的充分性。

（4）建模活动有助于IVV活动的开展。首先，可以通过模型定义的功能以及架构与待集成的部件之间的追溯来定义IVV的策略；其次，根据模型中定义的功能链和用例场景可以定义测试活动及其对系统部件的影响；最后，模型的使用也极大地促进了隐患分析和定位以及测试（特别是非回归测试）的优化。

注：本书主要介绍ARCADIA方法论本身，而不是工程环境中以建模为中心的应用模式。此处介绍的实践并不影响建模和分析工具产生的模型和工程数据，以及可能实现的机械化或自动化。然而，通过如今大量的运行部署，发现支持工具可以帮助大部分实践并控制其复杂性。

2 构成建模方法的主要视角

2.1 从需要到解决方案

以下各章详细介绍了在特定工程层级（以及相关模型）结构化实现 ARCADIA 的五个不同视角，本节简要介绍各个视角的作用。

2.1.1 运行分析（operational analysis，OA）

"系统用户必须做什么。"

该视角主要用来分析最终用户的需要。运行分析需要识别与系统、用户目标、活动、约束有交互的参与者以及他们之间的交互条件。

2.1.2 系统需要分析（system needs analysis，SA）

"系统必须为用户做什么。"

该视角构建了一个外部功能分析，它基于运行分析和输入的文本需求构建，并对这些需求进行概述，进而在非功能属性约束下，识别用户所需的外部功能或系统服务。

2.1.3 逻辑架构（logical architecture，LA）

"系统应如何工作以满足预期。"

为了响应前两个视角所表达的需要，逻辑架构视角可以通过对系统的内部功能分析来支撑方案设计的首要决策，它描述为了实现上一阶段中识别的服务功能而要实现和集成的内部功能。

继续识别实现这些方案功能的运行部件，并且整合在该层级需要处理的非功能性约束。

2.1.4　物理架构（physical architecture，PA）

"如何建立系统。"

该视角与逻辑架构具有相同的目标，区别在于该视角定义了系统应该完成并集成的最终架构。

该视角增加了具体实现和技术决策所必需的功能，并展示了执行这些功能所需的行为部件，这些行为部件由为其提供必要物质资源的主机实现。

2.1.5　产品构建策略（product building strategy，PBS）

"每个部件的预期，以及集成到系统中的条件是什么。"

该视角从物理架构推断出每个部件必须符合的条件，以满足在此前定义的架构设计约束和决策，它还定义了整个系统的集成、验证和确认策略。

2.2　主要概念概述

图2.1简要介绍了指导工程和建模的主要视图（view）、视角（perspective）和它们之间的关系，每个视角中都存在不同的视图。

（1）功能视图（活动用 表示，功能用 表示）。

（2）行为架构视图（行为部件用 表示）。

（3）实现架构视图（主机物理部件用 表示）。

（4）交换元素的表示。

（5）分析视点和专业领域。

这些不同的视图（本书后续章节会进一步详述）通过分配（如行为部件上的功能）和部署连接（如主机资源上的行为部件）在每个视角中相互关联。此外，在两个视角之间，每个视角的元素通过追溯理由链接相互关联，用于模型、需求或者技术方案等发生变化时的影响分析。

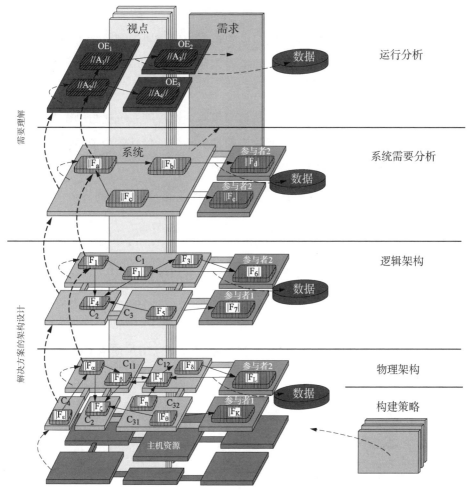

图 2.1　ARCADIA 方法论的主要视图与视角

2.3　示例：平交路口的交通管制

　　本节通过一个实际应用示例来说明使用 ARCADIA 方法论中动作（action）、概念（concepts）和活动（activities）的不同规则。此示例仅用于帮助理解本书所呈现的概念，它对领域、需求的理解以及做出的设计选择必然会存在差距或不足，甚至会出错。所以，读者应该在一定程度上接受示例中不足的真实度或相关性，不要草率地判断其意义，而应只关注流程和基本概念的

阐述。

我们以城区列车站附近平交路口的轨道与道路交通管制系统为例。之所以选择该示例，是因为它能够说明方法论在不同类型子系统中的应用，包括以控制或计算为主的子系统和机械子系统。

所选的工程层级将平交路口的轨道与道路交通控制系统视为一个整体，因此，此处保留的子系统的详细程度相当粗糙，不应该将其作为子系统设计的参考，本示例以教学为主要目的。

第15章对产品线工程的贡献借鉴了汽车行业的另一个示例。

示例——在这本书中，对于示例的阐述将会以楷体显示。

示例展示的模型由建模工具 Capella 搭建，可在 Capella 网站上找到 [POL 17a]，此模型也可在此网站下载。

另一本同一主题的书详细描述了如何根据 ARCADIA 使用 Capella 构建模型 [ROQ 18]。

3　适配项目环境和生命周期的建模方法

如前文所述，ARCADIA 方法论可能会给人留下这样的印象：该方法是按照"自上而下"的顺序从一个视角切换到另一个视角执行的。实际上，通过方法论指导实施的活动具有良好的逻辑顺序，即根据工程数据（每个活动产生和需要的）之间的依赖关系进行逻辑排序。出于教学原因，本书始终使用"自上而下"的演示。

尽管如此，"自上而下"的演示完全是理论上的，如此严格的顺序并不适用于大多数实际项目。在很多情况下，因为工业或技术的约束，在一个生命周期中将会伴随着多种方法，以致真实项目无法完全遵循理论上"自上而下"的方法。

方法论的首次实践就发现了上述事实，因此必须对 ARCADIA 及其语言（以及支持方法论的工具功能特性）进行相当深入的调整，以与不同的生命周期（往往重叠并相互交织）相兼容，比如第 4 章（4.3 节）所展示的语言以及第 15 章（15.4.3 节）的非"自上而下"的生命周期。不过，ARCADIA 方法论还受到很多实际运行中其他用例的影响。

本章快速介绍了不同项目中需要考虑的适配或约束，本书其他部分所描述的活动必须基于潜在的多周期视角进行考虑。

3.1　迭代或增量式方法

通常情况下，分析或架构定义不是只线性地进行一次，而是逐步形成且迭代反馈的，包括：迭代方法，越来越详细的反馈状态；增量方法，所考虑的概念从最重要和最关键的部分开始，逐步扩展到所有范围。常常要反思之前的工作和结果，或按照以下活动预测可能的迭代。工程过程中的一些迭代来源如下所示。

（1）在详细设计之前，通常要首先完成架构的概念性高层级视图建立和验证。使用 ARCADIA 之前，要完成需要空间和解决方案空间的探索，逻辑架构与物理架构之间也类似。

（2）如果客户没有提供运行分析，则需要先分析客户定义的需求，进而形成第一版系统需求分析，将该需求从系统的角度进行抽象，反向归纳为客户的运行分析。

（3）在分析系统需求的过程中，为了验证需求的可行性，可能需要初步规划部分逻辑架构，甚至物理架构。如果可行性验证失败，可能需要对系统分析或对运行需求进行审查。

（4）同样，逻辑架构的整合，可以证明有限物理架构的定义和分析的合理性，比如可以验证性能的可扩展性。

（5）物理架构可能需要适应现有部件重用的限制，或者参照技术限制进行审查。

（6）在集成、验证和确认过程中遇到的困难，可能会导致那部分架构的定义存在问题（不过，ARCADIA 力求尽量减少受质疑的部分）。

这一系列的迭代通过一个连续的细化过程，产生不同工程元素（模型、需求、证明文件等）的中间版本，每个元素的细节程度和稳定性在每次迭代时都会增加。

3.2　安排活动

可以看出，该方法提出的不同工程活动常常可以（或必须）以并行、预先、迭代或渐进等方式执行。同样，根据上下文和可用的输入数据，这些活动可能在无法得到所有输入的情况下启动，或是在不遵循相互依赖的逻辑顺序的情况下中止以整合它们。

然而，该方法论中的每项计划活动应尽可能至少执行一次（调整除外），

活动的结果（产生的工程要素）必须根据相关设计规则进行验证，以确保该任务能带来真正的价值。

3.3　自上而下或自下而上方法

在本书以下章节中描述的，把新产品从头开始时的设计称为自上而下的方法，因为它按照不同设计视角的预期顺序执行，每个后续环节都从上一个环节的产物获益。

然而，在大多数情况下，工程设计并非从零开始，而是必须考虑约束条件。例如，必须部分或完全复用的现有系统；性能和规格都已定好且必须使用的商用部件；变更最小且最大限度复用已有部件的产品策略。

这些约束条件会限制并重新考虑自上而下的定义，这便引出了一种自下而上的方法（从方案的约束开始），这两种方法需要综合考虑。第 15 章 15.4.3 节对其进行了说明，其中包括对新客户的需要分析，以及预期的理想逻辑架构（以传统的自上而下的方式开发），在面对由现有部件组成的物理架构时必须满足上述客户的需要（基于现有部件的组装和重用，以自下而上的方式构建）。一般来说，与产品变更的定义和开发周期明显不同，新产品的初始开发通常有一个明确的定义和开发周期。

自上而下和自下而上两种方法在系统和子系统设计的交点可能同时适用：尽管在大多数情况下，应该由系统层定义每个子系统的输入，系统定义的预期结果必须对比子系统工程的约束及其潜在约束。

无论如何，都不能放弃使用自上而下的方法，否则可能会严重影响对运行要求的适应性、预期架构的性能控制和全局属性。

3.4　渐进式和有侧重点的架构构建

通常情况下，当建模开始时我们会选择从部分问题和解决方案入手，而不是针对全盘进行详尽统一的建模。在对熟悉的部分进行建模时一定要更加仔细，因为一些潜在问题可能会隐藏在没有仔细分析的部分中。

因此，建模的重点应该放在现有产品为满足客户需求新增的功能、对客户主营业务具有重大影响或构成公司差异化竞争的方面、识别出的风险最大以及控制水平最低的部分等。

在开发周期中，明确给出了对架构和相关模型渐进式且有侧重点的构建方式：大多数情况下，工程和建模应该在合同阶段或者在主动制定产品策略之前启动，以定义企业参考架构。该构建方式以建模为核心，重点关注现有可重用元素的充分性或者要解决的新问题。初版的架构应该在粗粒度层级构建并用于成本估计，开发启动之后的工程过程将脱离原始架构，并依托设计细节构建细粒度的架构，验证假设并最终确定产品定义。

即使整个模型内容没有那么详细，在产品定义完成时，模型亦应尽可能完整地覆盖系统，从而可以进行全局影响评估，以避免忽略系统未建模部件带来的风险。

我们不仅需要对公司负责的系统元素进行建模，还要对其子集或与系统部件交互的外部参与者进行建模。虽然工程部门没有权限定义这些外部元素，但也需要负责系统的整体功能，包括系统与外部元素的交互，因此建模中需要包含这些外部元素。

3.5　针对特定领域的活动调整及适配

ARCADIA 方法论背后的逻辑：每个活动都有其意义，都有助于产品和模型的开发或合理化，它们之间也相互依赖，因此需要对它们进行全局考虑。但是，该方法的应用不应是死板的，而应依据其背景和约束适配至各种应用领域。

ARCADIA 实施的最必要因素：它可以妥善处理所有工程问题和预期，并记录该方法论对其解决方案的贡献。在基于对工程背景特性的初步分析时，有必要对活动进行调整。

首个可调整的因素是每个活动覆盖的范围和详细程度。如前所述，该详细程度取决于工程和模型的目标。对于大多数 ARCADIA 方法规定的活动，通常应该根据其详细程度做出调整，而不是任意删除其中一部分活动。

如果上述的首次调整不足以满足所考虑领域的固有限制，则最好设法优化所开展活动的数量。尽管所有活动都是有用的，但在给定的环境中，它们可能没有任何意义。

例如，在现有产品有细微变更的情况下，可以不进行运行分析，或者将其简化为只针对新功能的场景设计。虽然模型其他部分覆盖了整个产品，但只详细说明了受变化影响的部分和新增的部分。

如果系统非常简单，则逻辑架构可以省略，或作为第一层物理架构的综合，限制在非常高层级的视图。

然而，为了保留 ARCADIA 综合方法论的优势，任何调整都应仔细分析其后果并加以证明，特别是在考虑工程约束和优先级的情况下。

除了以上的调整工作外，每个应用领域都应基于自身特点对方法论进行调整，使其适应自身的约束、专有技术、产品和项目，这些调整通常如下。

（1）工程过程的定义，具体来说是适应特定领域的建模策略及其调整规则。

（2）以适当的架构风格，对每个产品的参考架构进行定义和商用化。

（3）根据领域、产品和架构，将适当的视点形式化。

（4）针对相关领域制定专门的工程规则，用于指导架构的验证。

4 功能分析的一般方法

4.1 功能分析在 ARCADIA 中的作用

功能分析为在 ARCADIA 中理解和表达需要（needs）以及在设计阶段定义每个系统部件的预期行为提供有力支持。

通过描述分析元素、分析规则和每个所考虑视点的属性，功能分析表达了大部分相关的性能和非功能性约束。

解决方案架构也将在架构师必须考虑的多个视点约束下，通过对功能进行分组或分离来定义和论证功能分析。

在 ARCADIA 方法论提出的主要视角中（运行分析、系统需要分析、逻辑或物理架构定义、产品合同定义）都建立了不同的功能分析，每种功能分析满足每个视角的特定目标，但它们同样都遵循下文列出的一般规则进行构建。本书第三部分（ARCADIA 语言百科及概念词汇）给出了所使用概念的更多信息和细节，请参见第 17 章。

4.2 ARCADIA 功能分析的一般规则

4.2.1 功能与交换

功能是一项动作、操作或服务，由关键成员（参与者）之一、系统或对系统行为有促进作用的部件执行。这种行为由一组包含这些功能的部分"功能视图"定义，这些功能视图之间相互关联并保持一致。

每个功能首先由其名称定义（最常见的情况是，通过口头形式描述此功能的预期效果）：它能够提供或产生什么（它的"输出"）以及必须向其提供什么才能运行（它的"输入"）。功能还可以细化为详细说明其内容的子功能。

[**示例**]　平交路口的交通管制系统应主要提供检测和监控道路和铁路交通的功能，并向列车和车辆报告禁止或授权进入该路口的情况。"监督发车程序"功能将生成通过平交路口的授权禁止指令，为实现此目的，需要随时访问列车时刻表以及有关道路和铁路交通状况的信息。

一个功能产生的输出可能是其他功能所必需的，因此，其输入也可能源自一个或多个其他功能的输出。这些功能之间的"生产者到消费者"关系（称为功能交换）逐渐构成功能依赖关系图或数据流图（通常称为"数据流"），它们构成了第一种功能视图。

[**示例**]　负责向列车和车辆报告授权/禁止通过路口的职能部门，将在程序执行期间从"监督发车程序"功能依次收到相关授权/禁止指令。"监督发车程序"功能还必须确定轨道上是否有车辆，并验证车辆是否停妥（见图4.1中的▨▨功能）。

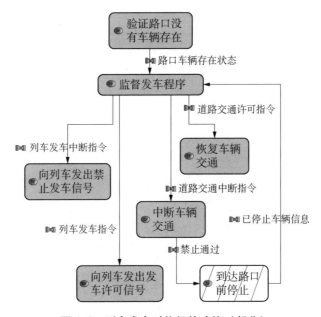

图 4.1　列车发车时执行的功能（部分）

从现在开始要注意，功能交换假定生产者和消费者之间使用显式交换，其性质通过名称表达。默认情况下，功能交换在这些功能之间不提供顺序、优先级、时序等语义，这些语义可以根据需要添加，但应保留功能交换依赖关系的方向，并禁止出现任何非显式交换的优先级关系。

功能交换只反映功能之间的依赖性，要验证数据流的有效性，应解决以下问题。

（1）对所有功能交换来说，是否都实际传递了交换项（数据流、材料等）？

（2）每个功能是否能正确接收其执行所需的所有交换元素（交换项）？每个功能提供的被请求的交换元素是否合理？

进一步，为实现功能中的供应能力和输入需要，该方法使用了将端口与功能绑定并将其连接到功能交换上的概念。

4.2.2　任务、能力、功能链和场景

利用系统执行一个或多个任务，每个任务都需要多项能力才能完成，每项能力都由一系列功能描述。在给定环境中，这些功能使用前文所述的部分功能依赖关系图。因此，与能力实现条件相关的第二种功能视图可以多种方式形式化，主要的方式是定义能力的多个功能链和场景。

功能链描述了一条"路径"，它是功能依赖关系图的子集，其中包括功能及连接功能的功能交换，它们共同形成对能力的支撑。

［示例］　图4.2中的加粗箭头所围部分显示了功能链"中断交通"包含的功能及其交换，////部分表示发车和/或到达功能。

场景为功能链增加了时间维度，它侧重于功能活动及其交换的时间定位，由交换在单个时间轴上的相对位置或者功能活动（和激活）之间的优先链接来描述（这些链接仅仅与能力实现相关，不应与功能交换混淆）。场景可以在功能之间定义，也可以在系统/其部件和外部参与者之间定义。

［示例］　基于图4.3中所示的场景（特别是允许列车启动的时刻），可以在考虑能力的情况下，更具体地描述先前定义的功能之间的交换时序。场景中涉及的功能显示在图4.3的顶部，时间轴是垂直的，每个功能的活动由垂直

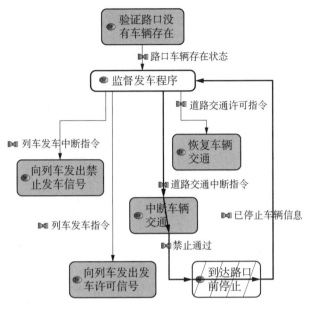

图 4.2 中断道路交通功能链（部分）

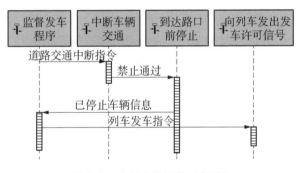

图 4.3 交通中断场景（部分）

的▤表示，水平箭头通过功能交换反映两个功能之间的通信。

　　任务和能力是理解模型及其结构的基本元素，因为它们描述了系统的主要预期和运行条件，以及组成数据流的功能和交换的实现条件。它们为结构化文本（如需求）提供了基础，用于规划和评估建模进度，在第 12 章 12.1.2 节介绍了有关集成、验证和确认策略的定义以及通过使用功能链和场景来评估其进度的相关内容（关于此部分内容，见图 23.2）。

4.2.3 状态和模式

第三种功能视图涉及模式和状态的概念。模式（或状态）表示参与者、系统或其部件之一所选（或遭遇到）的环境，并以此定义其在该环境中的行为。

这种行为通常由所考虑的模式或状态下的可用或不可用功能（还可能是由交换，甚至是部件）定义。

在两种模式或两种状态之间，每种可能的转换都可由功能交换触发。

场景可以引用一个模式或状态，以在任何给定时间表明该模式或状态的转换和开始。

与元素相关联的状态和模式通常由状态机（或模式机）定义，该状态机用以描述它们之间可能的转换及转换条件。

[示例]　该系统的主要预期运行模式为列车发车、列车到站和无流动列车情况下的道路车辆运行。这三种模式是相互排斥的，从一种模式到另一种模式的转换是由列车发车和到达通知触发的，在没有通知时允许道路车辆通过。

在图4.4中，模式为灰色框，箭头表示启用转换触发条件的转换。

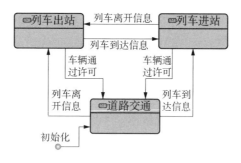

图4.4　主要的系统模式

4.2.4 数据模型

第四种结构化功能视图是描述功能交换内容的数据模型。每次交换启用一个交换项（广义上包括流体或一对力/成对的力在内的复杂信息），可以将其描述为一组数据，每个数据都具有其结构、组成以及与其他数据的关系等。

[示例]　液压油本身可以由其性质或成分、黏度指数、必须承受的极端温度、必须满足的标准等来描述。当液压油在系统的两个部分之间流动使用

时，也需要描述此处的压力和温度。

列车时刻表作为一个列表，涵盖不同情况下的车次、目的地、出发或到达的时间、预期的站台等。

4.2.5 非功能性特征与分析视点

为了考虑解决方案必须遵守的非功能性约束及其对设计的影响，针对每个分析视点，通过附加概念改进了功能分析（见第10章），它可能涉及新概念（如可怕事件）或先前概念的特征元素（如与功能或数据相关联的关键等级）。

4.2.6 总结

功能分析是架构建模的核心，用以描述用户期望的以及为解决方案选择的行为。它具有如下四种相互关联的视图类型。

(1) 功能依赖关系图（称为数据流）。

(2) 任务、能力、功能链和上下文场景。

(3) 控制功能可用性和系统能力的模式和状态。

(4) 描述功能之间交换内容的数据模型。

4.3 功能分析构建方法

根据每个项目和组织的固有环境，有很多方法来构建功能分析，此处提到了一些项目中常见且各有利弊的方法（但不局限于此）。另外，这些不同的构建方法要求方法、语言和支持工具能够适应这种多样性，从而促进 ARCADIA 尤其是其语言方面的若干发展。

除非明确提及操作限制，否则这些步骤都可以应用于需要进行功能分析的所有情况，包括需要描述和解决方案描述。尽管它们一般用于系统的应用程序，但它们也可以用于系统的某个部件或外部参与者。

4.3.1 自上而下的层次化方法

传统的自上而下的层次化方法，如结构化分析［ROS 77］及其衍生工具，以有限数量的一级功能的形式，表示所需功能并确定它们之间的必要交换，然后在功能的基础上定义每个已识别功能的子功能以细化高层级综合视图，由递归实现，因而会产生层次化的功能分解，该传统方法通常用于没有初始需求时从零开始构建。

[示例] 该方法应用于平交路口交通管制，首先识别一级功能，如"控制车辆交通"和"管理列车交通"。控制车辆交通的子功能包括验证路口没有车辆、中断车辆交通和恢复车辆交通；管理列车交通可以分为执行发车程序和执行到达程序，如图4.5所示。这些链接反映了父功能和子功能的关系。

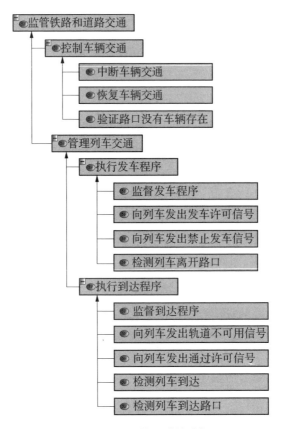

图 4.5　交通管制功能分解

层次化分解也可以应用于功能交换：在功能细化时，可以维持父功能之间的交换；子功能之间的交换可以自由定义，但是它们应该（在性质和内容上）与先前的功能兼容，因此它们将通过追溯链接与父功能交换链接。

更一般的情况，如图 4.6 所示，当一个元素（功能、部件等）在另一个元素中表示时，应表示为一种组成或亲属关系。

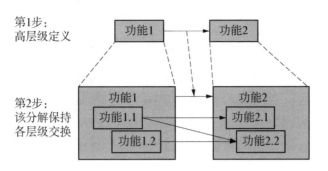

图 4.6　传统自上而下的功能分解方法

然而，ARCADIA 中还提倡了另一种方法，即利用交换重新分配，使建模工作最小化，并控制交换层级与模型维护成本之间的一致性，以及为了适应其他分析构建周期，如文中进一步讨论的那样（见图 4.7）。它将每个交换从父功能移动到必须考虑的子功能，因此当分析完成时，只有终端或叶功能（未分解）通过交换链接。

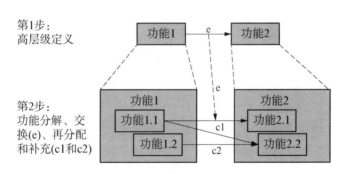

图 4.7　ARCADIA 中的功能分解/再分配过程

但是，该方法及其支持工具必须提供两种综合能力：当仅有父功能可视化时，子功能之间的交换可被表示成直接分配给父功能；多个基本交换可被综合为可视化的综合表示形式（类别），以降低表示形式的复杂性，且可以识别父功能之间首次实现的交换（见图 4.8）。这些原理将在第 17 章 17.5 节中进行更详细的描述。

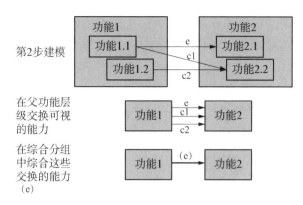

第2步建模

在父功能层级交换可视的能力

在综合分组中综合这些交换的能力（e）

图4.8　ARCADIA 中的自动综合

　　重新分配的方法的显著优势是其管理多个建模人员之间协作功能分析的简单性（见图4.9）：它为每个建模人员分配了细化一个顶层功能的任务，对于

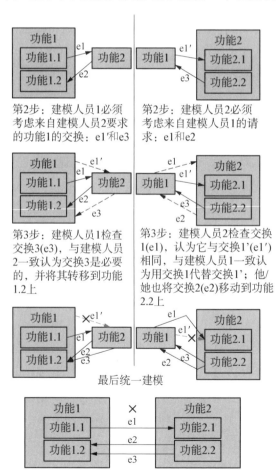

第2步：建模人员1必须考虑来自建模人员2要求的功能1的交换：e1′和e3

第2步：建模人员2必须考虑来自建模人员1的请求：e1和e2

第3步：建模人员1检查交换3(e3)，与建模人员2一致认为交换3是必要的，并将其转移到功能1.2上

第3步：建模人员2检查交换1(e1)，认为它与交换1'(e1′)相同，与建模人员1一致认为用交换1代替交换1′；他/她也将交换2(e2)移动到功能2.2上

最后统一建模

图4.9　涉及两个建模人员的联合建模

该建模人员，其他一级功能被认为是"黑盒"，其内容（即在编辑过程中它们的子功能）对该建模人员来说是未知的。

在建模人员 1 细化其负责的高层级功能的过程中，建模人员 2 将创建自己负责的高层级功能的内部子功能及它们之间的交换。建模人员 2 还要将父功能中的每个交换移给子功能。建模人员 2 也可能需要来自其他高层级黑盒功能的新数据，建模人员 1 有责任向建模人员 2 提供这些数据。在这种情况下，建模人员 1 将为这些子功能创建新的交换，而这些交换指向或源于建模人员 2 知悉的其他黑盒功能。

随后，每一位负责顶层功能的建模人员都会发现并考虑其他建模人员提供的交换，可能出现以下两种情况。

（1）如果建模人员还没有处理与其他高层级功能的交互，那么建模人员将能够简单地将交换的末端移动到其子功能的末端，该子功能是其合理的源端或目标端。

（2）如果建模人员已经创建了一个考虑到这种交互作用的交换，那么除此之外，建模人员还必须删除自己的交换从而将其替换为来自其他建模人员的交换。当然，这必须与另一位建模人员协商，以确认双方的意图和需要是一致的。

一旦该过程将所有交换分配给了叶功能，就可以保证建模人员之间的一致性。

4.3.2　自下而上的功能分组方法

自下而上的功能分组方法首先定义一组基本功能（叶功能）及其交换，然后构建综合视图"隐藏盒中内容"，即在父功能内部（最终在多个层次上）对这些叶功能进行后验分组（见图 4.10）。

通常会在从描述所需的需求集构建功能分析时采用该方法。每一个文本需求都被"翻译"成功能和交换，并与已经创建的功能相链接（即提出需求之间的链接），从而逐步开发一组由功能交换链接起来的基本功能，以构成首个需要的功能形式化。

[示例]　需求"如果有车辆在轨道上，系统应阻止列车发车"将被翻译

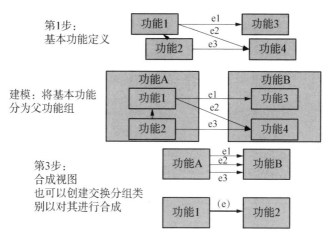

第1步：
基本功能定义

建模：将基本功能
分为父功能组

第3步：
合成视图
也可以创建交换分组类
别以对其进行合成

图4.10　自下而上的功能构建

成创建的以下功能："验证路口没有车辆存在""向列车发送禁止发车信号"
"监督发车程序"以及这些功能之间的交换（车辆在路口的存在状态、中断、
列车发车指令）。针对另一个需求"系统将在列车发车期间禁止道路交通"，
将会创建"禁止车辆通行""授权车辆通行"等功能（见图4.1）。

在这种情况下，功能层级的实现也将通过定义后验父功能分组以及合成基
本功能（叶功能）和他们之间的交换。

在自上而下的层次化方法中提到的综合能力也可用于本例，因为它们凭经
验就可以创建这些父功能。分配给这些父功能的子功能交换得以可视化，然后
通过分组子功能交换来综合处理交换，从而使子功能交换在综合视图中发挥作
用。层次化视图重建相关的建模工作量是最小的，因为一旦确立叶功能的图
形，即限制了对功能层次树的定义，并可能限制用于分组交换的类别以便综合
它们。此工具与传统方法相比，传统方法除了分解层级之间的委托链接外，还
必须在每个层级定义交换。

应当指出的是，传统的自上而下的层次化方法很难在以叶功能为起点的情
况下应用。事实上，由此开发的功能依赖图的构建是高增量的，因此很难在早
期就确定高层级功能的定义。此外，层次化方法与最大限度地重用已经定义的
叶功能（通常存在于不同的父功能中）的需要背道而驰，但这种重用具有极
其重要的意义，一方面可以相互面对需求验证整体的一致性，另一方面也可以

使模型的复杂度最小化。

4.3.3　功能构建/分配方法

功能构建/分配方法旨在根据要共同实现的一组活动或服务来定义一组结构元素（系统、部件、系统外部的运营商或参与者等）的功能内容。该方法一般不关注本质上的细化，而是以功能依赖关系图表示的需求为导向创建解决方案。

该方法的第一种典型用例是基于运行场景分析来定义系统需要（见第 5 章和第 6 章）：主要目标为识别系统必须参与的每项运行活动以及系统运营商或其他外部参与者负责和执行的功能。功能交换也将采用同样的过程。

[示例]　分配给交通管制部门的"分析潜在碰撞风险"运行活动，将由系统功能"验证十字路口是否有车辆"和运营商功能"监控指令状态"纳入系统需要。

为确保决策智能化的"监督发车程序"功能，可以根据客户的预期，委托给系统或运营商自己，甚至可以将两者分开创建两个新功能。在图 4.11 中，名为活动 2 的运行活动就是这种情况，它由两个功能执行，即分配给系统的功能 2 和分配给系统运营商的功能 3。

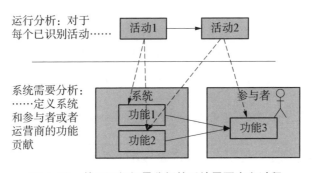

图 4.11　基于运行场景分析的系统需要定义过程

第二种典型用例涉及基于功能需要的系统部件行为定义，基于前文视角，它主要在逻辑和物理架构中进行（见第 7 章和第 8 章）。对于每一个前文视角中的功能和交换（构成要满足的需求），主要的问题是识别分配给每个系统部件、运营商或外部参与者的描述贡献的功能和交换。

应该再次指出的是，此处讨论的不是两个功能视角之间的功能细化（就前文的层次化方法而言），而是根据需要设计一个解决方案的行为。

[示例]　在逻辑架构中，定义了检测车辆的三个功能，即"检测驶近车辆""检测车辆在到达路障前停止"和"检测车辆排队长度"。在物理架构中，这三个功能可以通过分配给多个邻近检测器的三个同源功能或者通过三维检测功能（如雷达）定位环境中的元素来实现（见图4.12）。在第三个功能中，两个视角的功能之间的关系远非简单的细化。

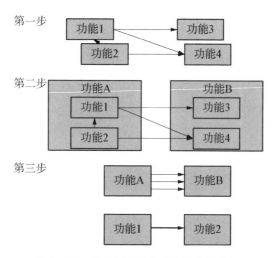

图4.12　基于自下而上方法的功能分组

两种典型用例都引出了逐步构建的包含基本功能的功能依赖关系图，综合基本功能集的高级别父功能定义遵循与4.3.2节相同的构建方法。

4.3.4　基于服务功能和遍历功能链的方法

该方法首先确定系统用户和外部参与者的用例，并为每个用户和外部参与者确定所需的功能服务（用户和外部参与者与系统的主要交互），以定义预期的功能内容以及相关的外部交换（见图4.13）。

该传统方法通常用在没有初始需求时从零开始的构建规范，先确定"遍历"系统的服务功能（基于外部参与者的请求，并指向同一个或其他参与者）以表征对系统的预期。第4章4.3.5节还对用例方法的起点进行了概述。

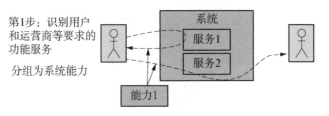

第1步：识别用户
和运营商等要求的
功能服务

分组为系统能力

图 4.13　初始服务功能和基于用例的方法

另外，这只是 ARCADIA 进行功能分析的第一步。

首先，所识别的用例由系统能力构建。其次，一旦与外部元素交互的功能被识别为相关交换，就可以搜索它与其他服务中已经定义或"遍历"的其他功能的链接和协同作用（合并、服务委托、使用其他服务或其中一项服务提供的输出等）。最后，创建新功能，分解其中部分功能并在这些功能之间建立系统内部功能交换（但仍按需要）。这既可以丰富和阐明需要，也可以简化其表达（通过合并和系统内部通信，而不是完全相互独立的路径）。

因此，再次引出了逐步构建的功能依赖关系图（见图 4.14），这将受益于

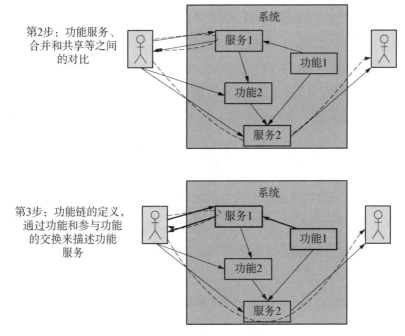

第2步：功能服务、
合并和共享等之间
的对比

第3步：功能链的定义，
通过功能和参与功能
的交换来描述功能
服务

图 4.14　通过服务构建功能链

与4.3.2节相同的构建和综合方法（见图4.15）。

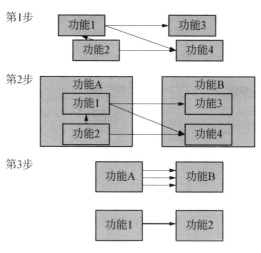

图 4.15 自下而上的功能分组方法

4.3.5 基于用例场景的方法

这种方法以与用户和其他外部参与者交互的时序场景的形式，将关键系统用例和运行场景形式化以识别它们。该方法主要作为能力分析过程的一部分，可以与基于服务功能和功能链一起使用，它们共享面向使用的理念。此外，推荐根据其贡献的能力来组织分析相关场景。

下一步为识别各个场景中提到的每个交互中涉及的功能内容，换言之，问题在于确定交互的源功能和目标功能，从而构成这两个功能之间的功能交换。

提出了系统所需的功能以及所考虑的场景中存在的操作员或外部参与者所需的功能。在这种情况下，同样希望在两个交互或场景之间重用且合并功能和功能交换，并根据场景中每个元素内缺少的功能和交换完成功能描述，以确保全局的预期行为。

因此，再次引出了逐步构建的功能依赖关系图（见图4.16），这将受益于与基于自下而上功能分组方法相同的构建和综合方法。

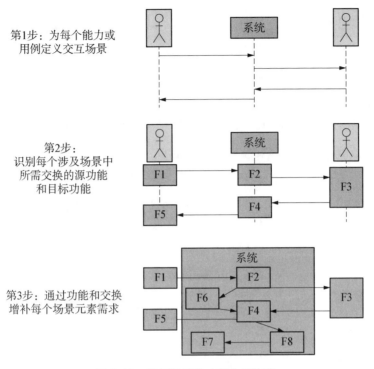

第1步：为每个能力或用例定义交互场景

第2步：识别每个涉及场景中所需交换的源功能和目标功能

第3步：通过功能和交换增补每个场景元素需求

图 4.16　基于场景的功能分析构建

4.3.6　功能分析的实用方法

上述步骤和先前的操作都是在实际运营项目中使用的，但在其他方面很少使用。在大多数情况下，实用的方法是吸取每种方法的精髓，即便需要将它们进行简单的组合，也最好符合每种方法的特定环境。

因此，即使在功能分析之初采用的是自上而下的层次化分析方法，也常常会在当需求改变时切换为自下而上的方法，或者当需要检查体系架构时切换为基于构建/分配的方法。同样，测试和集成场景或性能或安全工程的定义也将促使功能链和基于场景的方法的部分应用。最后，当第三方部件被重用时，通常通过接口场景（最初唯一可用的场景）来构建其行为和使用的功能视图。

系统状态和模式以及数据模型基本是与其他先前的功能视图并行开发的。数据与启用它们的功能交换同时出现，状态和模式出现在能力分析和应用它们的场景中，并随着对它们在能力、功能链和场景中使用的定义，逐步构造功能的适用性。

考虑到各种前文提到的情况，在给定的环境中，应用 ARCADIA 方法论和语言构建功能分析时，不强制使用特定的顺序或方法。因此，构成基础模型的功能视图可以按任意随机顺序开发，如果需要也可以交互、迭代或增量开发，同时可通过所有概念之间的预期链接确保基于构造建模的一致性和正确性。另外，**建议构建所有视图，因为视图间的交叉及其中视点的对比和一致性，对由此构成的功能分析的质量和鲁棒性非常重要**。

注意：当提到"功能分析"一词时，除非另有说明，否则实际上它将代指整个分析（功能、交换，也包括场景和功能链、模式和状态、数据模型）以及相关的非功能性元素。

4.3.7 总结

在模型的生命周期中，功能分析可以根据不同的过程来构建，通常是同时或顺序应用的，这取决于上下文和建模阶段。在完成最终步骤时，应尽可能多地描述功能分析的不同视图，并恰当地相互链接，以促进模型的整体一致性和鲁棒性。

5 运行分析

5.1 规则

运行分析是一种方法，用于捕获系统用户在其工作或任务中必须达到的目标以及相关条件。该过程与任何解决方案和用户用于实现其目标的系统无关。

首先，运行分析的显著特征是具有非常通用的层级特性：目的、意图、目标、所需能力、与其他参与者及环境相关的活动和交互、最常遇到的情况和场景等。

在不预设系统范围的前提下最大化满足客户需求时，或者寻找满足客户需要的创新方法时，运行分析尤其有效。因此，与一个或多个客户以及潜在最终用户联合进行运行分析，或通过运行分析构建多客户产品政策，也是非常有意义且值得强烈推荐的。

此视角的一个重要特点，可能会让人感到意外，即运行分析不应提及系统，以免错失可满足客户需要的潜在备选方案：这是为了在不添加关于系统如何实现的先验假设的情况下充分理解客户需要，也是为了避免过早限制方案可能性的范围①。

[示例]　假设客户的需要是在墙上挂一面镜子。如果这一需要在最初被翻译成"如何用钻孔机将钉子固定在墙上？"，就会过早地排除其他可能性（如使用胶水）以及有助于将流程引向正确解决方案的标准（如是否需要在以后拆卸镜子）。

因此，ARCADIA 建议将运行分析限制在客户需要做的事情上：此处的运

---

① 系统范围和角色的选择仅会在系统需要分析时进行。

行能力是指要有一种在特定位置固定镜子的方法，而不是实现固定的不同方式，其具体方案会在后续视角进一步识别和评估。

在每一次技术进步中重新进行运行分析，也可以推出新产品、解决方案或功能，以更全面地满足客户要求。

以下是在运行分析过程中要完成的主要活动。

（1）确定任务和所需运行能力。

（2）开展运行需要分析。

5.2　确定任务和所需运行能力

首先要确定未来系统和环境用户的任务，具体包括他们的动机、预期、目标、目的、意图等，以及承担这些任务所需的能力。

这些能力有时被认为是任务完成的局部目标，它们代表了成功完成所需的"专有技术"，它们必须可以实现从而正确完成任务。

［示例］　如果任务是要在墙上挂一面镜子，所需的能力包括能够将其固定、在进行固定的时候保持其位置、调整其位置和最终将其取下等。

从现在起，将考虑主要的相关参与者和运行实体。

［示例］　在平交路口示例中，主要的相关参与者和运行实体包括道路和铁路交通管制部门以及列车和道路车辆（区分列车出发和到达，因为它们需要不同的管理形式）。

任务执行的现有约束必须在所有可能影响它的层级上加以识别：参与者的技能、运行模式和职责、规则和相关程序、现有手段和系统、管理限制、时间和计划方面等。

［示例］　在平交路口示例中，铁路和道路交通管制部门的预期任务如下。

（1）防止列车与道路车辆碰撞。

（2）确保铁路和道路车辆交通的流通性。

所需的主要能力如下。

---

* 仅在此时确定决定系统需要什么以及用户和外部系统的职责。

（1）确认驶近的列车（两个任务都需要）。

（2）确认驶近的道路车辆（两个任务都需要）。

（3）禁止道路车辆和列车同时进入平交路口（至少第一个任务需要）。

如果平交路口位于列车站附近且在市区内，需识别的约束之一将会是尽可能减少道路交通的拥堵，从而为第二个任务生成额外的运行能力：暂时优先考虑道路交通。

出于安全考虑，另一个可能约束：如果禁止通行，那么道路车辆不得通过平交路口向前行驶。

应确定定量和定性指标，以评估任务成功的条件和必要能力。

［示例］　应遵守以下定量条件，列车晚点发车或到达不得超过 5 分钟。

5.3　开展运行需要分析[①]

运行需要分析的目标是捕获先前识别任务的完成条件以及实现相关能力的条件，主要是分析对其做出贡献的关键参与者的活动及其交互。

直接形成和影响任务的各种正常和非正常情况，以及可能遇到的最坏情况都应被形式化。必须持续关注任务情况和条件的分析与比较，通过识别可能产生较大影响力的约束来展开并指导需要分析，同时也可以指导流程开发以及任务执行的规则等。

［示例］　假设一个可怕事件为列车通过平交路口时，轨道上存在车辆（可在场景中加以说明），此时可选的做法为要求在物理上阻止道路车辆进入轨道。

然而请注意，这并不能防止车辆在允许通行时无意中停在轨道上，因此必须通过某种方式整合该约束，所以我们将添加一个延迟列车出发的程序。

但是列车到达的情况又有所不同，考虑到列车的惯性和感应制动时间，必须宽泛地预计列车的停止时间。在列车到达之前，以物理手段移走静止车辆基本是不现实的，所以必须在列车到达平交路口之前提供制动列车的方法，这应被认为是对列车到达条件的一个强约束。该约束必然会对解决方案产生影响，

---

① 5.3 节推荐的方法基于第 4 章所述的功能分析方法。

甚至可以在系统的严格限制之外，限制列车的最大接近速度。

相关的参与者、组织和运行实体，以及他们在任务期间所需的活动、相互作用和交换的信息，都将得到更准确的识别。

［示例］ 将更准确地识别铁路和道路交通管制部门（必要时区分控制和维护的角色和责任）、列车（区分出发列车和到达列车，因为它们需要不同的管理形式）、道路车辆（只有当每个实体都有自己的预期时，如特定的行为或流程，才区分轿车、重型货车和摩托车，所以此示例不一定是必需的；类似地，车辆及其驾驶员将被视为一个实体）、车站（车站也会在列车出发和铁路交通信息中发挥作用，此示例中我们将使用车站这个通用名称来指定负责铁路交通的部门，而不是相应的物理建筑）。

与其定义单一的车辆，不如进行更泛化的定义，如"道路交通"，与单一车辆相关的行为（如在轨道上停车）都应按此泛化定义处理。此外，如果车辆间存在差异行为，则可以定义多个车辆（但不在该细节层级上考虑）。

活动及其交互的开发方法即功能分析的开发方法，在功能分析中活动承担着功能的作用。

［示例］ 图5.1和图5.2显示了运行分析的高层级视图，包括运行实体

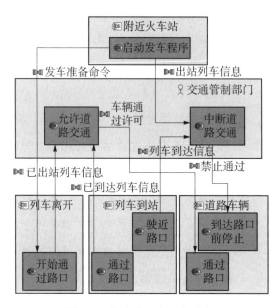

图5.1 初步高层级运行分析

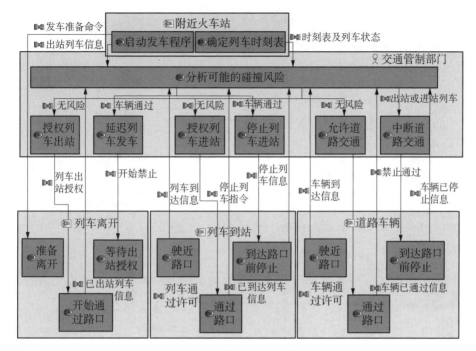

图 5.2　高层级运行分析

（ ▇ ）、分配给每个实体的活动（ ▇ ）以及这些活动之间所需的交互
（由箭头表示），它们的性质由其命名描述。

　　首先分析最常见的通行管理规则，仅在每次列车发车或到达通知时暂停车
辆交通。

　　列车发车时，车站触发列车发车程序并中断道路交通，一旦列车通过平交
路口，即恢复道路交通。此时，列车到达将直接触发交通中断。

　　另外，出于安全方面的考虑，这一流程并不妥当。因为道路交通本身没有
受到保护，如在平交路口出现问题时，缺少延迟列车发车的能力，所以有必要
对先前的分析进行回顾。

　　对于铁路和道路交通管制部门，其主要活动是分析碰撞的潜在风险、授权
或禁止列车发车或到达、延迟或最终中断列车发车或到达、授权或禁止道路交
通。列车和车辆到达平交路口时，必须按照管制部门的命令停止或在其允许下
通过（与管制部门实体的互动）。

　　顺便一提的是，此处所有的流程和活动最终都可以简单地由交通管制员来

完成，该描述很明显独立于任何系统的实现并且没有被提及。

基于先前提到的风险情况分析，以下活动已添加到初始分析中。

（1）关于管理部门：延迟列车发车、停止列车到达、授权列车到达。

（2）关于出发列车：等待发车授权。

（3）关于到达列车：在车辆通过前停车。

不同的任务阶段、运行环境、遇到的情况和它们之间的转换条件等概念也可以通过运行状态或模式来捕获。

[示例]　有必要至少考虑管理部门必须管理的三种相互排斥的运行模式——列车发车、列车到达和放行道路交通。

这些模式之间的转换将由先前定义的交互触发：例如，在从车站接收到关于列车发车的信息（在转换箭头上指示）时，将执行从列车到达模式向列车发车模式的转换。然而，只有当接收到第一列列车确实到达的信息（由到达列车本身提供）时，这种转换才能发生，这种条件（门限）如图5.3中方括号内所示信息。

此外，还必须指出管理部门在每种模式下（此处未显示）要进行的活动，对于列车发车，包括授权和停止道路交通、授权或延迟列车发车、分析潜在碰撞风险。

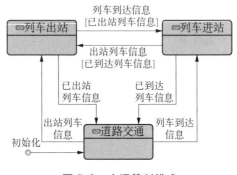

图 5.3　交通管制模式

任务期间遇到的不同情况需要通过场景形式化，这些场景指定了实现所需能力的条件和每个利益攸关方（参与者、活动、交互等）的贡献，以及对某一能力或一部分任务做出贡献的活动的运行过程。

［示例］　正常的列车发车和到达场景（见图 5.4 和图 5.5）以及列车优先发车或车辆自由通行等运行流程（见图 5.6 和图 5.7）可以说明“禁止车辆和列车同时进入”的能力。在场景图中，运行实体位于顶部，运行活动以▇表示，箭头表示交互，纵轴表示时间，⬬表示实体的模式或当前状态，含有{C}的▇表示元素的需求或约束。

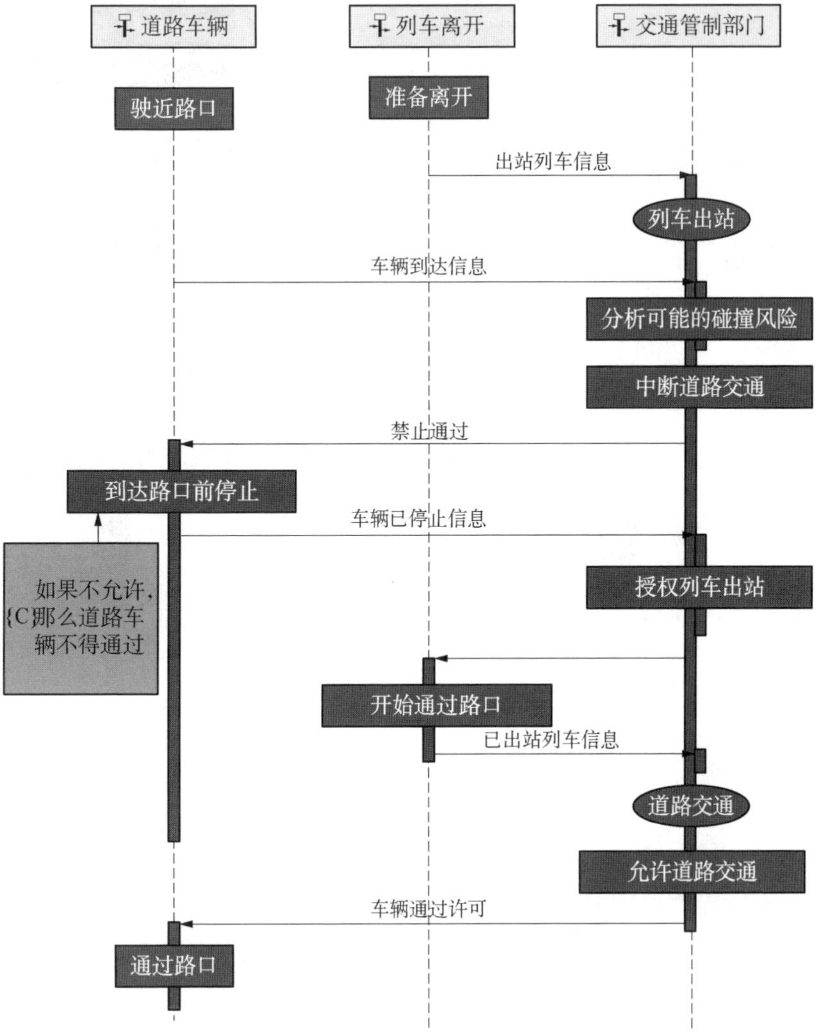

图 5.4　列车正常发车场景

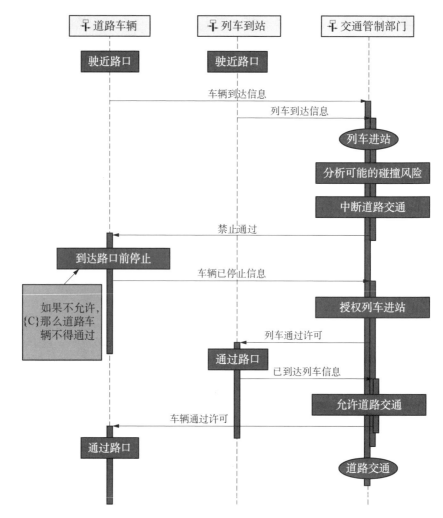

图 5.5　列车正常到达场景

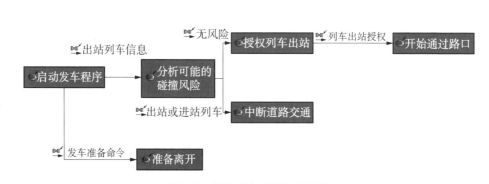

图 5.6　优先列车发车运行流程

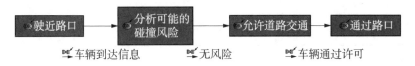

图5.7 车辆自由通行运行流程

[示例] 这些流程（见图5.6、图5.7和图5.8中的粗线——、虚线---路径）说明了交互和场景，它们实际上是对先前运行实体的映射。列车发车流程涉及交通管制部门、出发列车和道路车辆三个实体，以及它们之间的相互作用。

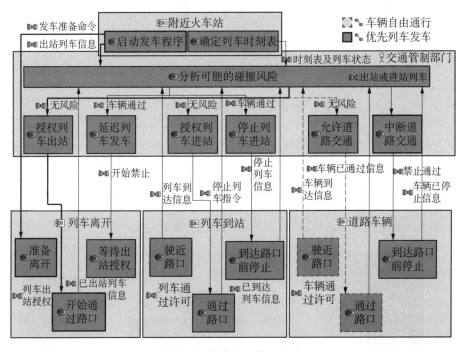

图5.8 流程、实体和活动

[示例] "临时优先考虑道路交通"的能力将通过比前一个场景更优先的场景来说明（图5.9中的矩形是对前一个"列车正常发车"场景的引用，该场景将在第一阶段之后执行），约束（图中用｛C｝表示）适用于列车延迟发车的活动。

需要注意的是，如果车辆无意中停在轨道上，那么延迟列车出发的能力也满足了安全方面的约束。

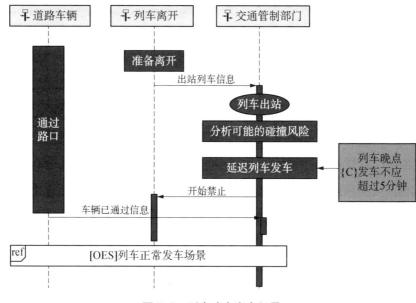

图 5.9 列车晚点发车场景

[示例] 先前提及的情况，即当车辆停在轨道上时列车到达的情况，将伴随前文提及的约束，由图 5.10 所示场景说明。

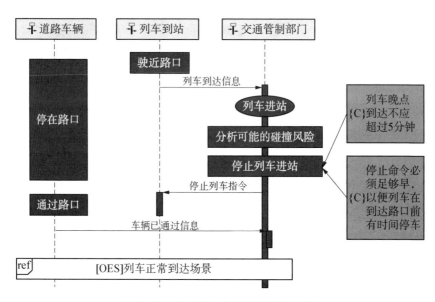

图 5.10 因轨道上车辆延迟列车到站

除每项任务必须适用的元素外（有时限的运行流程、要遵守的人为因素、安全和安保方面的可怕事件等），还应在本阶段识别适用于每项任务的第一个非功能性和性能约束。先前定义的指标同样应分配给先前的分析元素。

建议为收集的运行分析元素定义优先级、重要性或关键等级，以指导后续的选择和妥协。

这些元素将构成系统验证、确认和认证阶段有价值的输入，主要体现在系统运行条件的真实性方面。

客户需求可作为运行分析的输入，其层级与访谈和用户情景模拟、现有文档和可用系统等的输入层级相同。出于合理性的目的，建议确保运行分析中定义的模型元素的可追溯性。

5.4 总结

运行分析视角定义了系统用户必须完成的任务：通过识别与系统交互的参与者、它们的目标、活动、约束，还有它们之间存在的交互条件，分析运行用户的任务。

运行分析开展的主要活动如下。

（1）确定任务和所需的运行能力。

（2）执行运行需要分析。在系统本身期望被定义之前，由于系统边界尚未确定，运行分析阶段不应提及系统。

5.5 练习

图 5.11 所示是一个随意的例子（因此不要太认真），试想一下什么是一扇门的运行分析。

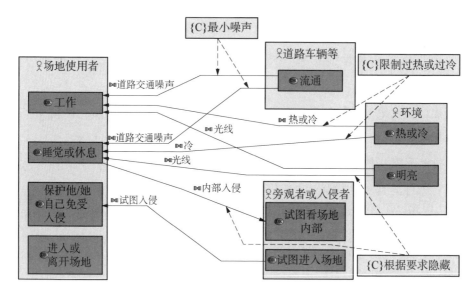

图 5.11 门的运行分析

6 系统需要分析

6.1 规则

系统需要分析的目的是定义系统对用户需要的预期贡献，用户需要已在之前的运行分析和（或）客户需求中描述。

系统预期的定义主要通过功能需要分析形式化，它描述了系统在不同的需求场景和能力下执行的功能或服务，以及系统在用户活动中承担的角色。实际上，系统需要分析界定了系统所需的功能，并且将它们与用户或外部系统假定的功能进行区分，它还提出了系统必须进行的交换，并支持非功能性约束的捕获。

必须对系统需要分析中的功能分析进行限制，仅捕获需求而并不包括任何实现选择或实现细节，这将允许在后续解决方案的开发过程中保持选择自由，并通过关注客户的需要（同运行分析一起）与客户持续对话。

系统需要分析的主要活动如下。

（1）进行能力权衡分析。

（2）开展功能性和非功能性需要分析。

（3）形式化和整合系统需要表达。

6.2 进行能力权衡分析

该分析旨在定义实现每个运行能力（问题空间）所需的基本特征，识别可能满足这些能力的不同备选方向以及相关的评价和选择标准（解决方案空

49

间），并对它们进行比较，从而找出特性最理想的一个或多个折中方向。与运行分析类似，该分析最好与客户及最终用户（如果不是由他们自己进行）合作进行，或至少得到客户的最终批准。

第一步为识别所需运行能力与现有手段、系统、资源、流程、实践等之间的偏差。

这一步可以识别支持或阻碍每个能力有效实现的主要参数。显然，这些参数可能与系统的功能性贡献和预期性能有关，还涉及组织、规则、流程和用户角色、人为因素、技能和培训、后勤保障和部署条件、主机设施等，应定义定量和定性指标来评估每个参数的满足程度。

[示例] 例如，现有系统的分析表明，存在手动和自动的平交路口：对于手动平交路口，可以设计由操作员触发的手动路障机制；对于自动平交路口，可以设计为完全自主的控制，或者由能确认交通状况为中断/授权的人员来控制。因此，必须先对机制做出选择。

假设优先选择由操作员监管，此时在运行分析中，对交通管制部门的任务分析表明，可能有以下备选方案：操作员可以不需要系统的功能、性能和任何对系统的操作，通过目视直接监控交通；如果根据可用的基础设施，无法在操作员的位置直接观察到平交路口，需要通过系统本身使平交路口及其交通状况可视化。

同样，根据操作员的可用性、工作负荷以及资质，对人为因素的分析结果可能产生以下备选方案：对交通状况和系统生成指令的简单可视化；支持紧急或危险情况的检测；进行适当的培训和教学。这需要额外的系统功能，如根据维护人员的保障和操作水平，决定是否需要系统能力来监控运转正确和故障定位。

此外，假设客户提出安全方面的需求，如"在禁止通行的时候，道路车辆不应在轨道上行驶"，在大多数情况下，路障表示禁止道路车辆通行，但它们并不能构成平交路口实际封锁车辆的真正障碍，即满足需求的强制性措施。另外，如果车辆在轨道上受阻，那么此时需要平交路口保护装置的紧急开启设备来阻止列车到达。在对该方案进行功能分析时，应考虑上述附加特性。

出于安全原因，此备选方案将进一步展开，另一个潜在问题涉及列车发车和到达时强制且可控的紧急停车（如通过关闭电源）。这需要一个新的功能，会产生额外的成本，但可以确保某些情况的安全，如道路车辆在轨道上停止和受阻。

综上，能力分析需要考虑比单纯的功能问题更普遍的因素，特别是客户组织、组织运行规则、角色和责任、自然条件和基础设施能力、安全、人为因素和用户技能/培训、保障、采购和运行成本，还有潜在的复杂性和实施风险。

根据运行分析和先前确定的所需能力，第二步将产生许多能对其做出响应的备选策略方向。**备选方案的涌现方法虽然是必要的，但不在本书的范围内，此处不讨论。**

［示例］　在墙上挂镜子的示例中，可考虑的备选方案是电钻、钻孔和钉子、自钻头和锤子、胶钩、胶泥、双面胶等。

对于平交路口附近的交通控制系统，可有一个远程但也可手动控制的解决方案。例如：成本适中且经过培训的合格员工；出于成本考虑的全自动但可被监督的操作；为了保持安全等级，使列车紧急停车并防止道路车辆通过的自动化操作。

最后，在参数分析中，根据先前提到的每个参数对这些备选方案进行评估（如客户组织、组织运行规则、角色和责任、自然条件和基础设施能力、安全、人为因素和用户技能/培训、保障、采购和运行成本，还有潜在的复杂性和实施风险），寻求最优的方向以得到最佳折中方案。

［示例］　如果需要具备拆卸镜子的能力，根据镜子的重量（某个可考虑的方面），首选的解决方案是钻孔和钉子或胶钩。

关于平交路口的安全，我们将优先考虑以下折中方案。

（1）系统不被控制（系统自主决定并应用控制决策）。

（2）系统受到监督（操作员远程监督系统情况，并能够进行紧急停止）。

（3）列车自动紧急停车和防止道路车辆通过。

选择优先考虑安全问题，同时通过降低管理人员要求来降低总体成本（他们不再处于安全关键环节）。

注意：只有最佳备选方案才会进行后续的功能分析，在每个视角中，通过

评估和比较，删除一定数量的备选方案是很正常的。然而，建议不要太仓促地删除备选方案，除非比对所有评估标准后，该方案存在不可行的特性。

上一段注释适用于本书中提到的所有视角。然而，出于简化，本书其他分析过程只描述一种备选方案。

建议参考第23章23.1节以及23.2节，了解模型本身支持多种备选方案的细节。

6.3 开展功能性和非功能性需要分析①

开展功能性和非功能性需要分析的目的是将分配给系统的功能性需要形式化，并确定运行条件下使用需响应的非功能性约束条件。

开发过程即功能分析过程，此处只提到几个必须考虑的具体问题，且不预先判断它们的执行顺序。

在执行运行分析时，基本方法为定义应该与系统交互的实际参与者，它们可以是运行分析中定义的关键参与者、新参与者、操作者、与之交互的外部系统等。

[示例]　如果交通管制部门在平交路口附近，先前定义的运行实体和参与者（车辆、出发或到达的列车）将在全局保持不变，但负责实施的操作员将取代交通管制部门，提供时刻表和列车运行的信息系统将取代车站。

应该注意的是，"车站信息系统"还包括此信息系统的操作员（即使是通过车站信息系统执行操作，但由他们决定并启动发车程序）。

下一步（或同时）将评估系统必须提供的运行能力，并考虑先前的能力权衡分析，系统能力与每个它贡献的运行能力都存在理由链接。

[示例]　基于先前定义的运行能力，系统能力可以如下。

（1）确保列车安全发车，这可能涉及更基本的能力，如管理和控制发车时的列车以及道路车辆的交通。

（2）确保列车安全到达，（基本能力）包括管理和控制到达时的列车以及

---

① 第4章介绍了推荐的方法。

道路车辆的交通。

（3）检测并保护停在轨道上的车辆，该能力会复用上述基本能力。

对于每一项能力（系统能力），分析分配给系统用户的运行活动；定义每一项活动，系统用户、操作员或外部参与者负责的功能以及被分配给系统的其他功能。由此产生的交互是由这些功能之间的功能交换来定义的，系统及其用户操作的主要数据也在此时被形式化，并有助于阐明功能交换。

[**示例**]　运行活动"分析可能的碰撞风险"将导致操作员要求系统具有三个预期功能——监督发车程序、监督到达程序、验证平交路口没有车辆。该运行活动还应确保控制和传递操作员请求的信息（而不是借助操作员的直接观察），特别是检测列车到达以及在列车离开（或到达）时检测平交路口的信息。

这些功能要求是由先前自动化和安保级别方面的能力选择和权衡产生的，所以它们不出现在运行分析中。

同样，对于最一般的运行活动，如允许/延迟列车发车、允许/禁止道路交通，系统的预期功能将会更加具体：向列车发出发车许可/禁止信号、恢复/停止车辆交通。

它们还规定了系统或外部参与者/操作员负责的工作：如可以由列车长或车站站长发出列车发车信号，但系统将通过列车的发车许可信号功能来实现该决策。

在这种情况下，分配给其他参与者的功能与运行活动类似，因为系统的引入不会改变它们的一般行为。

增加功能交换以描述每个功能的预期输入和输出，图6.1给出了列车发车程序的功能和交换的预览。

在图6.1中，系统的边界用深灰底   表示，外部参与者用浅灰底   表示，分配给每个参与者的功能用灰底   表示。

需要注意的是，功能的出现不仅仅是对运行活动的简单细化，它们的分析对象不同。例如，在分析中，多个运行活动可能得到相同的系统功

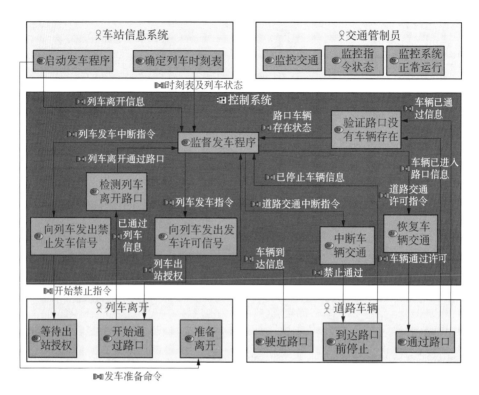

图 6.1 列车发车的控制和指令

能，并且可能会出现不与运行活动对应的系统需要功能（如自测试或重构）。

[示例] 系统需要监控功能，如总结交通状况、收集指令/系统运行状态、在紧急情况下停车或关闭电源。这一需求为处理能力分析中所选的约束和安保策略而设计，所以在运行分析中没有确定。

应注意"紧急情况下关闭电源"功能对"延迟列车发车"和"阻止列车到达"运行活动做出的响应和贡献；最后，还要注意，"紧急情况下停止列车"功能已经添加到操作员的角色中，因为该动作需要他的干预（见图 6.2）。

请记住，此视角仅包含与需要相关的考虑因素，它致力于根据用户或客户的要求来表达系统需要，且不包括任何客户未要求的设计选择或改进，从而保持最大的设计灵活性。此处不讨论委托给提供者的特定选择，但它们必须在解

基于ARCADIA建模方法的系统架构工程

54

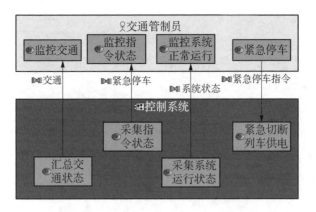

图6.2　交通和系统监控需要的功能

决方案的视角中加以考虑。

　　[示例]　客户没有对监控功能（操作模式、数据源等）施加特殊的程序，所以在此分析阶段，它们不作为信息源（发出指令的命令功能，或者是与先前的检测功能分离的检测功能）。出于同样的原因，也没有具体说明此上下文中交换的数据性质。

　　类似地，如果客户不执行任何向列车和车辆发送指令的机制（交通信号灯、障碍物等），建议不要在此时提及客户，也不要提及与外部参与者、列车和车辆交互的更准确性质。

　　如第4章4.2节所述，有多种方法来进行这种分析。大多数情况下，为了构成综合视图，一组通过交换链接的基本功能将被分组为更高级别的功能（父功能），交换也将按类别分组。

　　[示例]　根据图4.5中描述的层次结构，先前开发的功能被分组到新的父功能中，从而可以提供系统需求（system requirements，SR）的简化视图，如图6.3所示。

　　类似地，交换也将按类别分组："道路交通管制指令"类别包括"道路交通禁止/授权指令"，而"车辆状态"类别包括"到达/停止车辆信息交换"和"平交路口/平交路口车辆信息"，从而可对前文示图进行简化，如图6.4所示，图中只显示了交换类别（Cat指示的粗线箭头）。

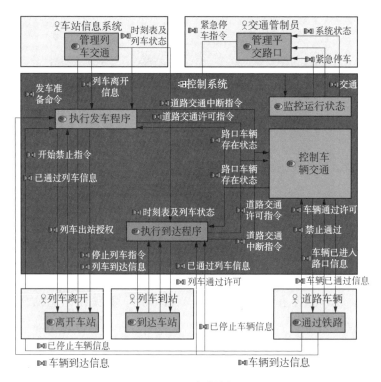

图 6.3　系统功能概述

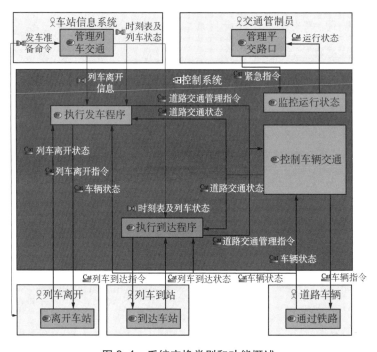

图 6.4　系统交换类别和功能概述

为进一步简化，可以将两个父功能"执行发车/到达程序"组合为一个"祖父"功能"管理列车运行"，从而获得非常高层次的系统需求视图，同时也强调了与外部利益攸关方的交互环境（见图6.5）。

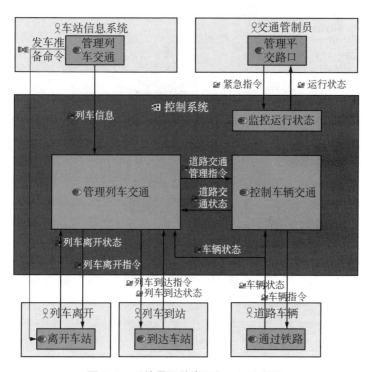

图6.5 系统需要的高层级上下文视图

这也包括运行分析中定义的运行场景和流程，以定义系统与其环境之间的场景以及贯穿系统的功能链。这些场景和功能链将定义保留的系统能力内容，实现系统需要分析的第一层验证和整合，验证到目前为止定义的功能和交换是充分的，并适应按此定义的系统的应用范围，这通常需要添加缺失的功能交换、修改或添加功能。

［示例］   在系统需要分析期间，图5.4中所示的运行场景由如图6.6和图6.7所示的场景表示，从而可以得到系统的预期角色。

详细描述系统功能之间的交互有时也很有帮助，如图6.8所示场景中，生命线（纵轴）不像前文场景一样代表系统和参与者，而是代表功能。

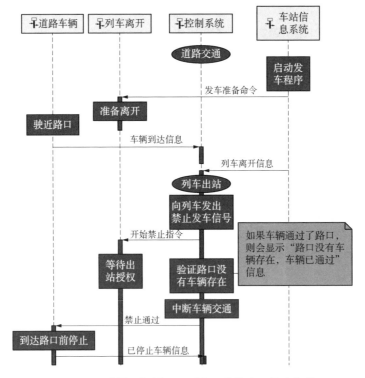

图6.6　系统需要场景——列车正常发车—第1部分

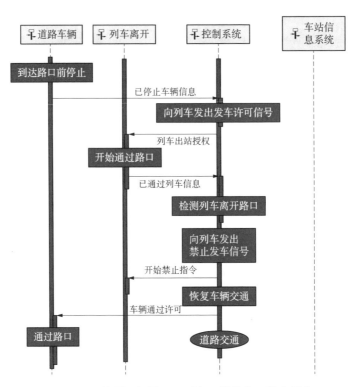

图6.7　系统需要场景——列车正常发车—第2部分

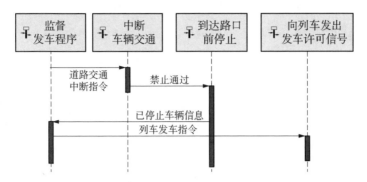

图6.8 道路交通中断运行场景（部分）

图5.6中描述的运行流程也在系统分析的上下文中被追溯（见图6.9），并简单地分为几个用于定义测试和集成策略的功能链。箭头路径是功能链，深灰底边框内的功能是由多个功能链遍历的功能。

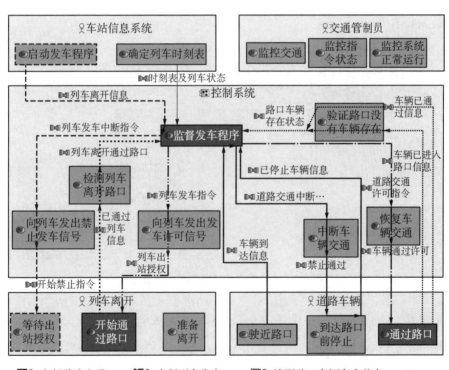

图6.9 列车发车功能链

功能链"中断道路交通"（见图 6.10）的参与者分为车辆（深灰底表示功能）和系统本身（灰底表示功能）。

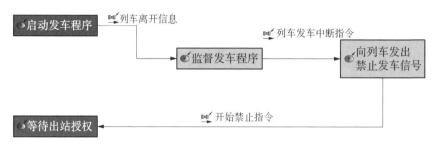

图 6.10　中断列车发车功能链

覆盖优先列车发车运行流程的全局功能链也可以通过组装之前的功能链来恢复。在图 6.11 中，组装基本功能链的链接表示一个功能，它是一条基本功能链里的终端功能，同时也是另一条基本功能链里的起始功能（链接名称即此功能的名称）。

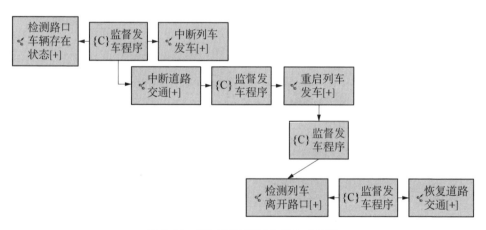

图 6.11　基于组装的列车发车功能链

图 6.12 完整描述了功能链，与运行分析中描述的版本相比，可以看出系统功能分配的选择是如何将功能链丰富的。灰底部分是分配给系统的功能，深灰底部分是参与者的功能。

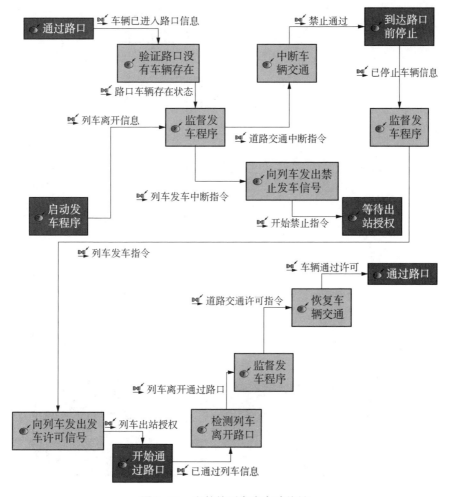

图6.12 完整的列车发车功能链

客户计划或期望的系统状态和模式也被形式化，包括管理其可用性的功能以及能够触发模式或状态之间切换的事件（特别是功能交换）。

[示例] 运行分析中所描述的与平交路口附近交通有关的任务模式在系统需要分析中保持不变，因为无论系统预期的贡献如何，这些模式都普遍存在，但必须从系统的角度来考虑它们。因此，有必要增加紧急停车模式，该模式由操作员发出的紧急停车信号触发（见图6.13）。

然而，对模式机的审核显示，还需要定义退出该模式的条件，此时需要增加两个功能：对于操作员，增加紧急停车后重启列车功能；对于系统，增加恢

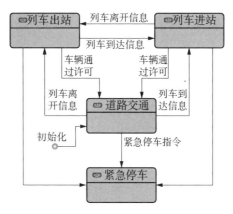

图 6.13　预期系统模式

复列车供电功能以及一个恢复供电指令的功能交换（见图 6.14）。

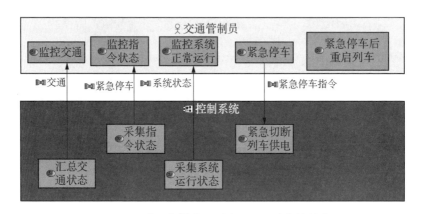

图 6.14　系统预期模式下对交通和系统监控的补充

如果参与者或外部系统是由客户（或当前技术水平）强制指定的，并且表现出与系统复杂或关键等级的交互，那么建议对这些外部系统或参与者进行最低限度的功能性和非功能性分析，并与系统需要分析的结果进行比较，以确保两者之间的兼容性。

需对可用接口进行分析，以验证预期功能和交互的可行性。此时，可以定义交换的主要数据、实际的交互和接口以及要使用的物理链接的性质（更多架构方面的细节参见本书第 7 章 7.4 节）。一些关键数据可能很复杂或者需要与客户讨论其内容，应在系统需要分析中尽早定义，至少将它们包含在物理架构中。

[示例] 关于平交路口控制系统的交换数据及其结构将在后面的逻辑架构中定义（请参阅后文）。当前，我们只使用传输功能交换的名称来描述它们（时刻表和列车状态、出发列车信息），并根据具体情况在逻辑或物理架构中，对系统功能所需的信息进行分析。

此处，仅识别控制系统和车站信息系统之间的实际通信方式。根据功能分析，该接口除了提供列车发车信息外，还应提供系统时刻表和列车状态。

为此，将定义几个额外的模型元素（见图 6.15）。

(1) 在系统和参与者之间定义行为交换（见图 6.15 中列车时刻表服务），它包括传输的约束和条件（如借助 HTTP 传输的一个 RSS 流）。

(2) 该交换将传输参与者实际提供的数据（交换项，列车时刻表更新）。

(3) 创建物理链接（黑色粗体），表示获取此信息所需的通信介质（如 Wi-Fi 网络）。

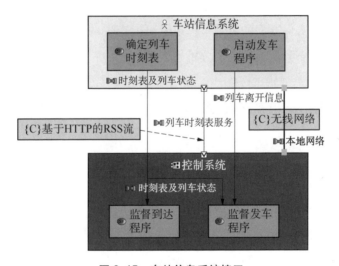

图 6.15 车站信息系统接口

然而，此接口并不在构建解决方案时定义，而是在需求分析阶段中被详细定义。实际上，此处只是为了获取施加在系统上的约束，并尽早验证这些约束是否与需要相兼容。例如，客户明确提及了连接和相关协议的性质，所以在早期阶段验证它们的可接受性是很重要的。但是，请注意，这些细节预期可在需要分析阶段完成，也可以在逻辑或物理架构中合理地捕获它们。

在此期间，系统需要分析和运行分析的元素之间应建立追溯和理由链接，如在支持它们的活动和功能（系统、操作员）之间、运行过程和功能链之间、能力之间以及两者的场景之间。

当用户或客户需求可用时，另一种处理需要功能分析的方法是将每个功能需求实现为几个功能以及它们之间的交换（通常是需求中的动词）、被处理的数据（名称）和参与者或外部系统。在每个新需求中，对已定义的功能、数据和交互的检索可以简化生成的模型，但需要强调需求之间的依赖性，并验证它们的一致性和完整性。

与先前的情况一样，在创建的模型元素和它们的需求之间建立追溯和理由链接。

当然，这种方法并不与基于运行分析的方法冲突，两者可以共同实现并相互改进。

此阶段，除应用于系统的功能分析元素外，还必须确定适用于系统的非功能性和性能约束（时间约束的功能链、分配功能导致的操作员负荷、数据的保密性、安全和安保方面的可怕事件以及可能产生的链和交互等）。先前定义的指标也同样应该分配给先前的分析元素。

6.4 形式化和整合系统需要表达

对系统需求的良好理解和整合依赖于前文提到的三个维度，即运行分析、需求、系统需要的功能分析。

通过对比，可以确保系统需求的一致性和完整性：在功能分析中是否正确地考虑了所有活动和运行流程？所有功能性需求（甚至是非功能性需求）是否都被正确捕获？它们之间有什么冲突之处？

甚至有可能出现功能需要分析使运行分析做出调整的情况（如出于安全考虑更改操作员的角色，或者在系统出现自动化的可能性时审查角色分配），功能分析还可能识别需求中不一致或缺失的内容。

因此，建立和更新上述三个维度之间的链接是非常重要的：一方面，可以证明系统功能分析的合理性，并结合其他两个维度（包括其中任一维度发生变化的情况）验证其一致性；另一方面，它们构成了设计阶段使用模型进行影响分析的基础。例如，如果一个功能需求很复杂或难以实现，那么此时考虑需求的运行问题并评估其实际范围和关键等级，会使与客户的协商更加容易。

同样，建议为需求中需要的功能性分析元素定义优先级、重要性或关键等级，以便通过价值分析来指导和选择后续的折中方案。在这种情况下，与运行分析的链接也有助于评估此类需求或系统所需功能的实际运行贡献。

（1）先前的功能分析整合

先前的功能分析整合工作是必要的，因为它将大部分系统需要进行了形式化和总结，构成了转向解决方案及其合理性的支点。

事实上，在 ARCADIA 中，功能需要分析取代了模型中正确表示的所有需求，它更正式、更清晰，也可以进行自动分析，并且在某种程度上可以通过此处描述的构造方法进行验证。

相应地，当客户或用户需求构成需要表达的主体时，它们将被保留下来并与模型建立追溯链接。由客户需要分析产生的系统需求将由模型来表达，但不包括那些不能通过模型恰当表示的需求（如法律法规、环境需求等）。因此，系统需求不会根据模型重写，也不会以文本形式重新表述，但这样会引入新的歧义（难以实现且没有附加价值），且需要的变化会伴随着前后矛盾的风险。

（2）可行性分析

无论先前的需要分析有多彻底，目前为止不能保证其可行性。为了充分分析其可行性，我们必须将已构成的需要映射到可行架构上，并根据最重大的风险来分析所需的映射条件。

该预测将通过与后续章节描述的构建解决方案类似的方法来实现，也会关注更复杂或有风险的子集、功能、性能等，但限于所需的详细程度来解决已识别风险（在大多数情况下，逻辑架构就已足够）。

在无法确定可行性的情况下，必须根据模型中建立的追溯链接和需求的相关影响分析，重新考虑和协商需求。

6.5　总结

系统需要分析视角定义了系统的预期，即系统必须为用户执行什么：它基于运行分析和文本需求的输入，构建了一个外部功能分析，以识别用户所需的响应功能、服务和预期的系统行为。

系统需要分析旨在专门捕获系统需求，不包括任何早期解决方案设计。需要是基于由运行分析、文本需求和系统需要分析组成的三层结构来整合的，并将解决方案设计必须响应的大多数需求形式化。

系统需要分析中要进行的主要活动如下。

（1）进行能力权衡分析。

（2）开展功能性和非功能性需要分析。

（3）形式化和整合系统需要的表达。

6.6　练习

门的系统需要分析如图 6.16 所示。

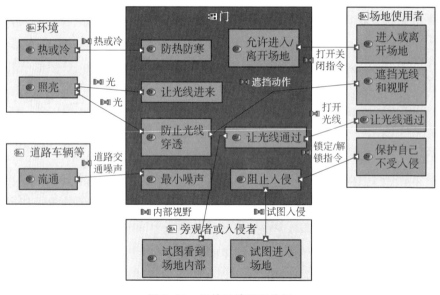

图 6.16　门的系统需要分析

7 基本架构或逻辑架构的定义

7.1. 规则

基本架构，通常称为逻辑架构（LA）。它是实现解决方案的重要决策，包括构建规则和满足利益攸关方期望的方法，然后通过将逻辑架构分解为抽象部件（即行为和它们之间的交互）来实现其形式化，以响应先前的需要规则。

逻辑架构的定义（经常因方便起见被错误地称为"逻辑架构"的活动）主要包括对先前观点中表达的需要之间的比较、选取系统行为以满足需求的功能分析以及识别构成系统的部件的结构化分析，同时要考虑到所选的约束和结构规则。

因此，逻辑架构是系统架构（第 8 章中有详细描述）的初步描述，其详细程度适中，但存在某种程度上的抽象。

逻辑架构的定义仅仅是为了做出指导设计的重大决策，所以它被刻意保持在一个相当粗的颗粒度上，对逻辑架构的构造或决策选择没有影响的设计细节或精度不在此描述，它们将在后面的物理架构中描述。

通过隐藏解决方案的复杂性，便于得出抽象层级，该抽象层级易于被不同参与者理解和操作。这些参与者可以是需要分析师、市场营销经理、业务服务经理、产品线经理和专业工程师等，他们不需要深入细节就可以作出影响逻辑架构设计的重要决策。

建立首个解决方案架构层级的好处：首先，在该抽象层级定义几个可选的潜在解决方案并进行比较，从而在早期阶段排除不可行的解决方案，既简单又节约成本；其次，它可以隐藏不重要的可变性，几种变体在此抽象层级上可采用共同的描述（它还可以使逻辑架构在技术实现的变化中保持稳定）；最后，在此架构层级可以重用现有的方案以满足新的需要（第15章15.4.3节）。

定义逻辑架构或基本架构的主要活动如下。

（1）定义影响架构和分析视点的因素。

（2）定义系统行为的基本规则。

（3）构建基于部件的系统结构备选方案。

（4）选择提供最佳权衡的备选架构方案。

7.2 定义影响架构和分析视点的因素

任何设计得当的架构都应满足各种预期和约束，这些预期和约束将限制、影响甚至指导架构定义，应尽早验证其满足性，以尽可能地减少架构的重新定义成本。

约束架构的因素很大程度上取决于不同的领域和专业，如交付的服务和成本、预期性能、操作的安全性、隐私性、易维护性、可用寿命、能源或后勤保障、可用性、产品政策、可扩展性，也包括如客户满意度之类的"美感"。

[示例]　在交通控制系统的案例中，首要的影响因素显然是货物和人员的安全，另一个因素是系统操作员的培训和所需技能水平、职责范围以及必须分配给他们的角色，还应考虑环境条件、可用寿命、保障和维护限制等因素。

对于任何一个先前识别的因素，都必须用指标来表示和量化需要和解决方案的相关约束（尤其是非功能性和性能约束）。根据此视点分析各个可选架构并验证其良好的可行性。第10章从建模的角度更详细地描述了该方法。

[示例]　在交通控制系统的案例中，需要提及所需的可靠率和系统故障概率、在某些子系统发生部分故障时仍能运行的能力、操作员的最大合格人数、极端温度湿度和耐盐雾性范围等。

除了识别限制架构定义的主要"强制"因素外，还必须定义和形式化建立架构的主要设计决策，这些决策反映了专有技术、工艺以及工程团队的创造力，并将指导不同备选方案的涌现及其比较。

这些决策可能涉及架构的样式，如集中式或分布式、联合式或集成式）、适用于架构中多个部分的预定义"模板"或"模式"（安全屏障、多数表决或冗余的关键部分、静态行为、当前技术水平的机制或常规流程）以及具体的构建标准（功能分组或分离）。

［示例］　部分交通控制系统的设计规则如下。

（1）由系统执行的安全管理必须与其余的指令控制部分分开，以尽量减少它们之间的共模。

（2）考虑到列车停车所需的时间，当列车越过最终制动停车点时，必须从物理上阻止任何车辆进入轨道，从而可以简化安全分析和相关解决方案（这样可以为轨道上的车辆提供紧急疏散的解决方案）。

（3）由于标准化约束，应该明确区分道路和轨道设施（因为大多数设施遵守不同的标准和认证机构）。

（4）在正常情况下，系统应独立工作，无须操作员的干预，以尽量减少操作员的数量、工作量及责任。

（5）在紧急情况下，系统可自动停止交通并确保交通安全，以防止任何人为失误。

（6）只有操作员负责恢复列车供电和交通，以减少系统的安全约束和相关合理化约束。

强制的因素和设计选择必须按重要性或优先级分类，从而在它们存在对立属性或必须解除某些约束以找到可行的折中方案时，能够对它们进行权衡。

应注意，先前的元素也可能影响解决方案的行为和结构。

7.3　系统行为规则的定义[①]

定义系统行为规则的目的是使系统预期行为的规则形式化，并考虑系统在运行条件下运行时需要响应的约束，即非功能性约束。

———————————

① 第 4 章介绍了推荐的方法。

开发方法即功能分析方法，在不影响执行顺序的前提下，此处只提到了一些必须说明的具体问题。

一个常见的错误：在更细颗粒度的层级上，将解决方案视为对需要的功能性表达进行的简单改进。解决方案的设计远不止于此：它是一种满足需要（而非细化需要）的行为，是"创造性的"的工作定义，详细说明从系统招标到提供服务、结果或输出的过程和步骤，主要由先前确定的因素和约束来指导设计决策。

在大多数情况下，设计师在这项任务中并不是从零开始的，他们拥有以下专业知识：现有的部分解决方案的思路或实践、从先前设计的系统和现有技术中借鉴的实例以及必须重用的现有部件行为（需经过调整后重用）。

因此，首要任务是从每个先前捕获的需要开始，识别响应它们的部分行为元素并将其形式化。此时，要在创建的行为与系统需要分析中定义的服务之间初始化追溯和理由链接。这种追溯性可以在形式化模型、功能、交换、功能链、数据、场景、状态、模式等类型的元素以及文本需求上实现，且通常可由描述预期行为基础的功能定义启动（但这不是强制性的）。

[示例] 需要功能（系统需要分析中）"向列车发出禁止发车信号"，必须由逻辑架构层级中（逻辑架构中）关于信号解决方案的功能来满足，这是出于安全性考虑的结构化选择。将创建如下逻辑架构功能。

（1）关闭（打开）列车发车信号，与系统需要分析功能"向列车发出禁止（允许）发车信号"相关。

（2）关闭（打开）阻止列车到达信号以及关闭（打开）列车到达信号，与系统需要分析功能"向列车发出轨道不可用（通过许可）信号"相关。

要注意，需要将授权通过功能和停止指令功能进行分离，虽然这看起来很多余，但却是一个与安全性相关的设计决策，因为单一信号的故障将产生灾难性的影响，所以该冗余是合理的。

在逻辑架构中，两个系统需要分析阶段的功能"列车发车时检测平交路口"和"列车到达时检测平交路口"将由三个逻辑架构分析阶段的功能来描述：检测列车离开站台、检测即将到达的列车以及检测列车通过平交路口的方向及轨道，后一个功能与两个系统需要分析阶段中的功能相同（逻辑架构分析不是系统需要分析的改进)。

另一项必须在逻辑架构中进行的功能性结构决策是如何执行系统需要分析中要求的服务"中断(恢复)车辆交通"。为了提高视觉障碍和物理障碍的安全性,设计选择将倾向于信号灯、可视路障和物理上中断通行的地面装置。因此,在逻辑架构中创建与先前的系统需要分析功能相关的功能将会是:将道路信号切换为红色(绿色)、启动可视安全路障、启动平交路口防护装置。

应该注意,后两个逻辑功能是对两个系统需要分析阶段功能的响应。

设计决策还通过两个单独的功能"检测进入轨道的车辆"和"检测离开轨道的车辆"来响应系统需要分析阶段的功能"验证平交路口是否有车辆"(可以支持检测动态运动而不是静态存在)。

另一功能设计决策是提高道路交通流动性和预测交通堵塞情况,为实现此目的,增加了用于观测平交路口周围交通情况的功能以及"检测驶近车辆"和"检测车辆队列长度"功能。

系统需要分析阶段

系统需要分析阶段的功能"监督发车程序"由逻辑架构分析阶段中的几个功能执行:启动(不启动)发车程序、监督延迟发车程序、监督正常启动程序,以及必须添加的中断(恢复)道路交通功能。

"监督到达程序"功能以类似方式执行,并与发车程序共享"中断(恢复)道路交通"功能。

与安全性相关的功能

与安全性相关的功能响应了系统需要分析阶段的"监控运行状态"功能,其设计独立于交通管制工作本身。

(1)定义三个主要功能:检测平交路口进入冲突、检测并确认车辆停止在轨道上、测试系统正常运行。

(2)为了验证系统的运行状况,必须使用系统需要分析阶段特有的功能来验证各种实体的状态(其通用名称为"验证……的状态")。与先前功能一样,这些功能必须通过追溯和理由链接与系统需要分析功能关联。

(3)在安保分析之后,还增加了紧急停车功能"切断列车供电"。

逻辑架构分析

最后，逻辑架构分析必须保持在一定的描述层级，既能充分突出先前的主要设计决策，又不会过于详尽。例如，逻辑架构层级中，仅通过功能和操作员之间的直接交换来描述系统与操作员的交互（见图7.1）。只有在物理架构中才会出现人机接口功能，此时它们会被分配到相应的物理部件。

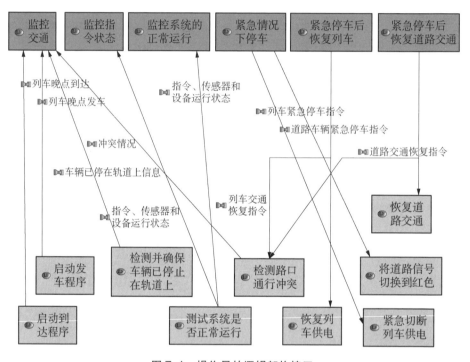

图 7.1　操作员的逻辑架构接口

如果功能分析方法不是自上而下的（通过连续分解），而是产生了许多基本功能，那么可以借助这些基本功能，构建其行为的综合视图（即自下而上的功能分组方法）。

还需要注意的是，不强制要求用与系统需要分析相同的方式来构建逻辑架构功能，这些行为可以满足不同的标准，如与职责、非功能性约束（如安保性）等更相关的标准。

[示例]　逻辑架构中可能的功能性层次树结构如表7.1所示。

表 7.1　逻辑架构中的功能性层次树结构

控制铁路和道路交通

　　控制列车供电

　　　　紧急情况下切断列车供电

　　　　恢复列车供电

　　检测到平交路口的进入冲突

　　检测并确认车辆停止在轨道上确保系统正常运行

控制车辆通过

　　控制道路交通

　　　　允许道路交通

　　　　中断道路交通

　　控制道路设备

　　　　激活可视安全路障

　　　　激活平交路口防护装置

　　　　将信号灯切换为红色

　　　　将信号灯切换为绿色

控制列车运动

　　关闭到达列车停车信号

　　关闭列车发车信号

　　关闭列车到达信号

　　开启列车到达信号

　　开启列车发车信号

　　开启到达列车停车信号

控制道路交通状况

　　检测车辆在到达路障前停止

　　检测车辆队列长度

　　检测驶近的车辆

执行到达程序

　　启动到达程序

　　监控正常到达程序

　　监督延迟到达

执行出发程序

　　启动发车程序

　　监督正常出发程序

　　监督延迟发车

确认设备状态

　　确认道路设备的状态

（续表）

确认路障和设备的状态

确认车辆检测器的状态

确认信号灯的状态

确认轨道设备的状态

确认列车紧急停车指令的状态

确认列车检测器的状态

确认轨道上车辆的检测器状态

确认列车信号的状态

控制轨道上的运动

检测进入轨道的车辆

检测驶离轨道的车辆

检测离开站台的列车

检测通过平交路口的列车以及它的方向和轨道

检测即将到达的列车

不同于系统需要分析的基本功能组织，在当前案例的逻辑架构中，功能的组织标准是多样的：将铁路与道路交通分开（如同系统需要分析），同时将控制功能与监管功能分开；将轨道上道路车辆和列车的运动分组；将所有设备状态的验证功能分组；将验证功能与使用它们的监控和测试功能分开等。

功能组织也可通过将功能交换分组到类别中实现，并提供设计的高层级综合视图（见图7.2）。

通过响应系统需要分析中的需要元素，先前确定的功能和相关功能交换之间的功能依赖性必须受益于相同类型的设计思维过程。任何时候，创建的每个功能都应基于多种考虑因素进行分析。

首先，分析逻辑架构中由追溯链接连接到系统需要分析的功能和需求，验证其是否恰当满足每个功能或需求的部分需要，并确保正确识别预期的贡献。对称地，我们将验证每一个系统需要分析的功能或需求是否被相关逻辑架构中定义的功能适当地综合考虑在内。

下一步将检索已在逻辑架构分析中定义的功能，若其中存在满足需要的功

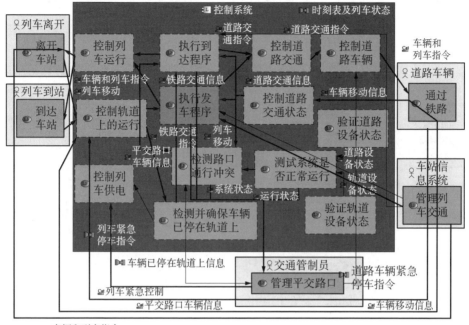

图 7.2 逻辑架构的功能性综合视图

能，就不需要创建新功能或定义类似功能，从而尽可能减少定义功能的数量、最大限度提高通用性并大大简化模型。

最后，我们将验证或定义：该功能需要哪些输入来实现它的预期，这些输入来自何处，该功能能够和必须提供什么以及向谁提供。这一步将产生对逻辑架构固有的功能交换的创建、重用或修改。

我们还将确定功能的复杂性所在、它的内容（子功能、需求）、它必须传达的非功能性约束以及它必须使用或提出的通用性（重用已经定义的功能，实现的共同因素）等。

逻辑功能链

对于与需求分析（系统需要分析）中确定的能力相关的每个场景和功能链，逻辑架构中也应将其考虑在内并定义相应的功能链和场景，它们之间必须保持追溯链接。此外，还可以增加额外的能力，以满足与设计决策、产品线选择（如从结构化集成视角）相关的需求。

[示例]　图 6.12 需要分析中描述的功能链在逻辑架构中会重复并详细说明，节选如图 7.3 所示。

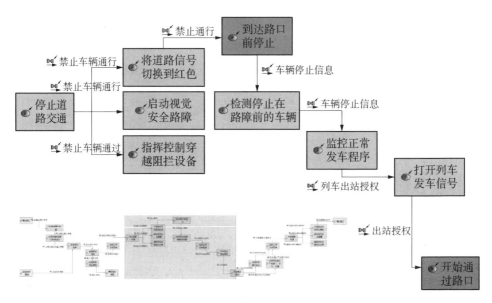

图 7.3　发车流程逻辑功能链（节选）

根据逻辑架构采用的初步设计选择，必须重新考虑和完成系统定义的模式和状态，确定它们的预期或对逻辑架构中所定义功能的影响以及控制它们转换的事件。

[示例]　对于交通控制系统，系统需要分析描述的模式在逻辑架构中总体保持不变，对每种模式的功能分配产生了如下问题。

（1）我们必须在退出紧急停车模式之前或在进入道路交通模式之后给出指令（开关灯等）吗？

（2）在紧急停车模式下，除了关闭电源外，还应该有别的方式阻止列车的发车或到达吗？

这些决策将由此模式下可用（或不可用）的功能表明。

此外，在功能分析和逻辑架构设计中考虑了模式转换的条件，它更具体且不同于需要分析中确定的条件（见图 7.4）。

下一步将使用这些行为元素构建完整一致的全局描述：将它们组合起来，根据它们对需要的贡献进行整合，必要时对它们进行修改并完成以满足全部需

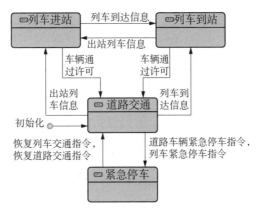

图 7.4　逻辑架构中的系统全局模式

要，最终确定与系统需要分析的可追溯性。

备选方案

根据要满足的需要和约束，得出行为的备选方案，并在选择最佳折中方案的备选架构时比较它们的特点（潜在属性和指标）。

[示例]　交通控制系统所需的行为定义识别了各种可能性或备选方案。

（1）交通监控的实现可以直接由操作员观察，也可以基于系统执行的检测在操作员监控站中显示（更昂贵，但控制站的位置选择更自由）。

（2）同样地，操作员指令（打开或关闭路障等）状态的监控可以通过与可视化相关的传输命令来完成，也可以通过设计每个指令状态的自动检测装置并反馈观察到的状态来实现（尽管成本更高，但在安全性方面更可取）。

（3）检测在轨道上车辆的存在状态可以通过电子传感器（如磁环）实现，但这要求在轨道上安装道路设备且会有一定难度（需要专人负责、维护等）。因此，如前所述，将优先考虑不需要在轨道上安装设备的动态运动检测。

（4）系统应确保监控系统的正确运行，但是若将定义故障是否严重以及是否必须中断交通的责任分配给系统，将产生非常高的成本和安全约束，倾向于将这些责任分配给操作员。

迭代构建工作

还应说明的是，这种构建工作是迭代的，并与后续基于部件的构建共同进行并交互。

完全可以从布置部件开始（尤其是当系统或现有部件驱动架构定义时），然后以渐进的方式直接分配所需的功能。

此外，对于部件的每个备选定义，有可能需要对功能分析进行审查，如拆分应分布在两个部件之间的功能、分离需分离的功能数据路径（出于安全或保密原因）、使功能通用化以优化架构、复制冗余链中的部分行为等。

7.4 基于部件的系统结构备选方案的构建

这一步将识别一些主要的解决方案，在先前行为的基础上，结合非功能性约束和它隐含的因素以及设计选择，描述系统的初步结构。

系统被分解成基础部件（逻辑部件）。一般意义上，术语"部件"为系统的组成部分，它随后可以被实现为一个（或多个）子系统、设备、机械零件或装配件、板卡、最终发行的软件程序本身，甚至可以是作为贡献者的人类。这些部件将主要构成开发、外包的定义和分配以及产品线中集成、重用、管理和构型项管理等工作的基本单元（但基于物理架构的角度，确定这些要素的限制时，也要考虑其他标准）。

[示例] 构成交通控制系统逻辑架构的部件如图 7.5 所示。铁路设施和道路设施包括交通检测和信号部件以及特定机制（路障、列车紧急停车），还包括一个管理系统（确保系统的控制和安保性）。

逻辑部件与系统相同，以深灰底色表示。

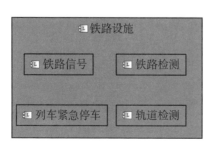

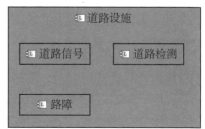

图 7.5 逻辑架构部件

部件构建过程：根据所施加的约束和标准，将先前定义的行为功能组合或分离，从而组成部件的分组集合；在必要时，部件也可以根据相同类型的标准由子部件构建。

先前定义的每个视点都可能会影响此分组过程，因此需要根据视点（功能一致性、强交互或复杂的接口、相同的可变性需求等）对相关功能进行分组或将它们分开（具有不同关键性或机密性级别的功能、必须分散的高资源消耗功能等）。建议将功能分组的每个选择在多视点进行分析[①]，以便根据主要视点尽快排除错误分组。同样，由于分组/分离标准可能不同甚至相互矛盾，必须对比并协调所有视点，形成数种折中方案，从而产生各种备选架构方案。

[示例] 先前提及的部件的分解标准如下。

（1）分离铁路和道路设施，因为它们在安装、维护责任和民事责任方面均涉及不同的管制部门。

（2）由于定位和维护约束（如需要中断交通）相关的问题，铁路设施中应包括检测轨道上车辆的方法。

（3）分离信号和交通检测（系统应用的共同规则），一方面是出于功能和技术原因（一侧是传感器，另一侧是作动器），另一方面是为了简化程序和集成方法（一方面是激励所需，另一方面是指令分析所需）。

（4）在分离"硬"交通控制机制方面也有同样的选择：处于安全目的分离列车紧急停车及道路障碍，这些元素在该视点下至关重要。

（5）根据地理约束（它可以位于轨道附近的其他地方）以及操作员工作站选址的灵活性，分离管理系统。

（6）在控制站内的两个不同部件中，分离发车和到达程序的控制指令和安全相关的控制，因为它们具有不同的关键等级，不应出现共模故障。

1）部件和交换

部件之间（或与外部参与者之间）的接口（初步）定义可以在逻辑架构层级完成（或推迟到物理架构定义）：基于功能交换建立，这些功能交换将分配给部件或参与者的功能链接在一起，并实现交换数据（和交换元素）的传

① 第10章给出了更多细节。

递，数据和交换主要根据语义接近程度或使用考虑因素进行分组。部件之间的实际交换也通过对功能交换进行分组来实现，隐藏子部件从而可以只考虑第一层级部件，即构成一个综合甚至抽象的层级，该层级能够隐藏功能交换的复杂性并引出多个颗粒度层级。

[示例]　部件之间的交换恰当地综合了它们之间所需接口的性质，如图 7.6 所示，此处根据功能相近性标准（状态、检测信息、指令等）对其分组。

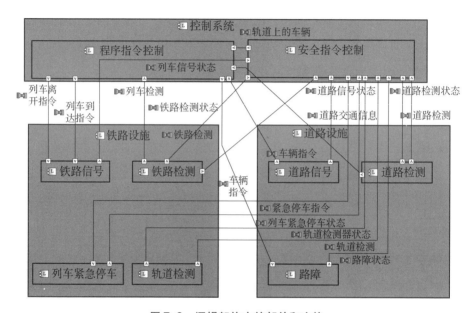

图 7.6　逻辑架构中的部件和交换

应该注意的是，此阶段在聚合部件（控制系统、铁路和道路设施）以及它们可能的代理上定义部件端口（带有方向箭头的白色矩形）是不可行的，因为这难以帮助我们理解架构，同时也会产生不必要的模型过载。

部件间的交互用白色部件端口之间的箭头表示。

部件接口必须遵循预先定义的良好实践指南，如下。

（1）一般来说，部件的接口列表应该提供部件特性和功能的总体概述，即部件的"说明手册"。

（2）以方便理解如何使用部件为标准对交换项进行分组（所执行服务的主要类型、可用或所需的数据、实现约束等）。

（3）隐藏实现的内部复杂性。

（4）使其足够通用以具有尽可能多的用途（不专用于特定类型）。

[**示例**]　分析流程指令控制部件与车站信息系统之间的接口。根据功能分析，该接口除了提供与列车发车有关的信息外，还应向部件提供时刻表和列车状态。

对部件功能所需信息的分析需要先定义以下类型的信息。

（1）列车运行将通过以下方式描述。

（2）标识（车次号）。

（3）计划发车或到达时刻表。

（4）预计发车或到达时刻表（如有延误）。

（5）状态（准时、延误或取消）。

（6）轨道编号。

（7）给定时间的状态（在站台或未在站台，准备好或未准备好离开）。

（8）定义列车到达和列车发车的运行列表，每个列表中的列车运行将按上文方式进行描述。

图 7.7 给出了该信息的形式化表达，虚线箭头表示运行列表与列表中某一项之间的关系，实线箭头表示计划时刻表和预计时刻表与列车运行的关联，两者由相同类型的时刻表描述。

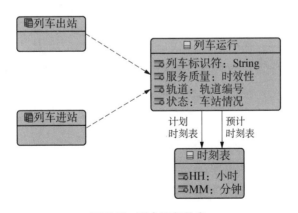

图 7.7　列车运行信息

必须定义交换信息及其传输条件。在交换过程中一组同时传输的信息称为交换项。本案例将定义两个交换项。

（1）列车时刻表更新应同时传输以下信息。

a. 列车发车列表。

b. 列车到达列表。

c. 信息的发布时间。

d. 下次信息发布的时间。

（2）与列车离开有关的信息，在本案例中仅考虑列车的运行信息。

这些分组如图7.8所示，矩形部分为交换项，虚线链接为交换项构成的链接。

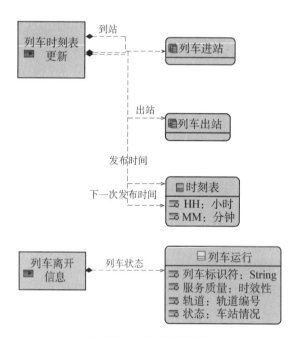

图7.8 列车运行交换项

这些交换项仍与先前进行的功能分析相链接。

（1）功能交换"时刻表和列车状态"将传递交换项"列车时刻表更新"。

（2）对于此部分，功能交换"发车列车信息"将传递交换项"列车离开信息"。

需要靠车站信息系统（外部参与者）提供的实际信息验证交互作用表达

的一致性，现有外部系统也需要对系统或部件施加一组接口约束以及它们的实际准备条件。为此，必须定义几个额外的模型元素（见图7.9）。

（1）在部件和参与者之间定义一个行为交换（列车时刻表服务），如对传输约束和条件的传递（HTTP上的RSS流）。

（2）此交换将传递参与者实际提供的交换项（列车时刻表更新）。

（3）创建表示获取此信息所需的通信介质的物理链路（如表示Wi-Fi网络）。

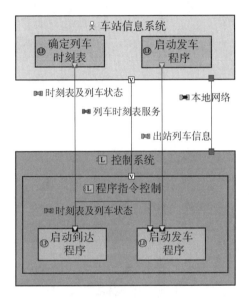

图7.9　与车站信息系统的接口

只有为了表达与交换内容相关的结构化设计选择或确保外部系统的使用时，逻辑架构中的详细定义才是合理的。例如，可以在此阶段定义与列车延迟有关的决策规则，也可能为需要验证从车站收到的信息内容是否正确提供了做出此决策所需的要素。

2）控制部件

接口的静态定义通常必须伴随动态定义，方法是在部件边界处创建场景，必要时也要创建与交换贡献者相关联的状态机和模式机，并管理接口的动态。这种方法也用于验证先前的功能分析与随后定义的行为的一致性以及检测缺少的交换、要添加的功能、部件间的修改或移动等。

[示例]　图6.7的系统需要场景在图7.10中进行了详细描述，解决方案的功能以及涉及的主要系统部件显示了其协作和接口的实现。从左到右，依次识别出参与者"道路车辆"和"离开的列车"，然后是部件"管理系统""铁路设施"和"道路设施"，最后是参与者"车站信息系统"。

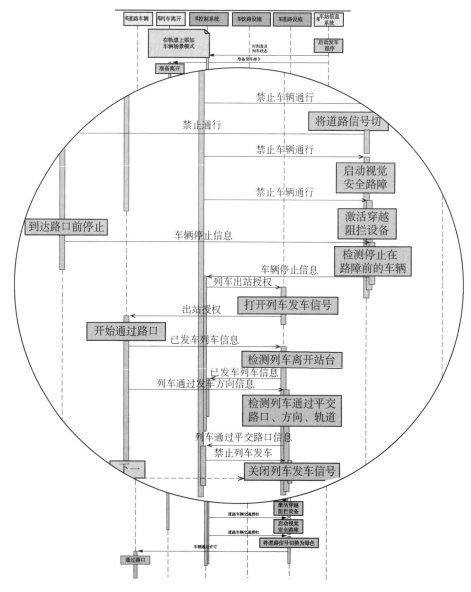

图 7.10　部件场景——列车正常发车（摘录）

此外，基于先前行为功能分析中的系统级实现，状态和模式可以被定义和分配给部件并与它们保持一致。为了使这种一致性形式化，应该保留理由链接。

[示例]　对于程序指令控制部件，应区分以下内容。

（1）无轨道交通模式，此模式下可以使用"启动发车/到达程序"功能。

（2）发车模式，包括"中断恢复许交通""启动发车程序""监控正常发车程序""监控延迟发车"等功能，该模式的转换条件是，车站信息系统通过功能交换"出发列车信息"启动发车程序。

（3）发车模式分为两种子模式：正常发车/延迟发车。除了上述条件外，每个子模式都需要通过"启动发车程序"功能发出的延迟或推迟发车指令激活。

（4）到达模式，类似于发车模式的运行方式，接收到"到达列车驶近信息"交换项时激活该模式。

（5）在发出恢复交通指令时，切换回无轨道交通模式。

这些部件模式与先前定义的列车到达/发车和道路交通系统模式一致，我们可以在架构中考虑它们。

图 7.11 给出了这些部件模式的形式化显示。

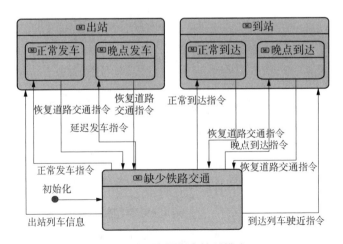

图 7.11　流程指令控制模式

安保控制部件主要管理三种模式。

（1）正常模式。

（2）车辆停在轨道上的模式，迁入条件是车辆在轨道上行驶超过1分钟。

（3）正在进行的冲突模式，迁入条件是功能"检测平交路口的进入冲突"反馈的检测结果。操作员发出恢复列车交通指令时返回正常模式。

每种模式中都存在部件提供的三个功能"检测并确保车辆停在轨道上""检测到平交路口的进入冲突"和"测试系统正常运行"，但它们的行为和指令因情况而异。

这些部件模式与先前定义的系统紧急停车模式的管理一致，我们能够在架构中考虑它们。

图7.12给出了这些部件模式的形式化显示。

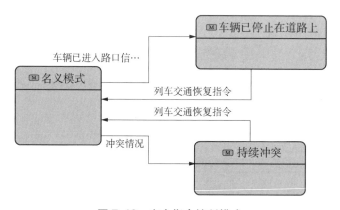

图7.12　安全指令控制模式

通过对功能分析中定义的功能链与部件的结构进行比较，可以创建新的功能链来阐明或完成在边界上或部件内的行为，场景中的情况也一样。

3）高层级部件

需求和非功能性约束可以通过间接的方式（需求和功能的链接，以及功能和部件的分配链接）分配给部件，这可能导致需求的重新分解，以指定其对每个部件的影响，对于预期的非功能属性也是如此（如功能链上端到端的预计最大延迟将在它所遍历的部件之间分配，每个部件在分配给它的子链上接收预计最大延迟的一部分）。

如前所述，结构定义的工作是迭代的，并与先前的行为定义一起执行。功能和部件可以被分解以更好地适应行为定义，行为应在部件边界被指定。

类似地，只有在选定最优备选方案后，这些工作才能被详细说明。

[示例]　图 7.2 中出现的功能已通过对属于同一部件的功能进行分组来组织和分解，从而能够为每个部件提供一个综合视图，如图 7.13 所示。

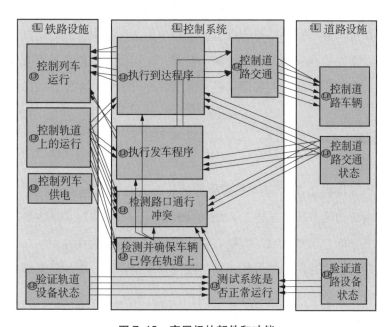

图 7.13　高层级的部件和功能

最后，尽管逻辑架构需要保留一定程度的抽象性，但为了验证可行性或管理技术风险，也有必要对需求或系统的有限部分进行更深入的分析。在此情况下，更详细的逻辑架构描述可以为此部分物理架构的实现做（分离的）铺垫（在性能问题的情况下，根据可用计算能力进行假设）。

7.5　选择提供最佳权衡的备选架构方案

此活动的目的是在先前的备选架构中，找到一个对于所有关注的视点来说代表最佳权衡的架构，并证明其符合需要。

广义上的架构评估超出了本书的范围，此处只提及多视点分析（详见第10章），它是评估的组成部分之一。规则上，在定义过程中，每个备选方案都根据影响它的主要视点及其相对重要性进行评估，不可接受的不符合项已被排除。但评估很少是二元的，因此重点是在多标准定量分析中比较每个备选方案的"优点"，其中的关键元素是先前确定的视点分析、优先级和指标。

当然，也应验证是否符合先前确定的设计决策。

每个备选方案对需要的符合性验证依赖于定义过程中开发的追溯链接，以确保覆盖所需的功能性和非功能性能力需要。从用例和实现场景以及活动和功能的角度，有必要根据追溯和理由链接回溯到运行和能力需要。

7.6　总结

在逻辑架构视角下，解决方案架构的首个设计决策被形式化地显现：首先，通过内部功能分析来描述为系统选择的行为，然后通过识别主要部件来实现解决方案功能，其中集成了需要在该层级解决的非功能性约束。

在此阶段，执行的功能分析不应被视为对系统需要分析的简单细化，而应是系统设计在行为方面满足此需要的结果。

逻辑架构的开发是一个在功能行为和结构分解之间不断往复的过程。

以下是为定义逻辑基本架构而进行的主要活动。

（1）定义影响架构和分析视点的因素。

（2）定义系统行为的基本规则。

（3）构建基于部件的系统结构备选方案。

（4）选择提供最佳权衡的备选架构方案。

7.7　练习

门的逻辑架构如图 7.14 所示。

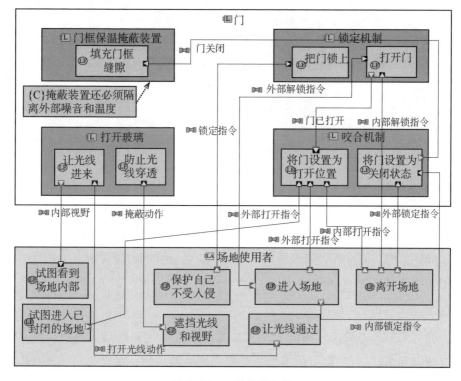

图 7.14　门的逻辑架构

8　最终架构或物理架构的定义

8.1　规则

最终架构，通常称为物理架构（PA），以足够详细的程度定义了解决方案中要实现的所有子系统（或部件）的研制和采购方案，以及针对系统集成、验证和确认（IVV）阶段的定义。

物理架构必须通过分离关注点支持复杂度管理，如提高部件独立性（可独立研制和测试），进而简化组装、集成和约束的限制，提高第三方的研制能力和复用度。因此，一个好的架构不仅是系统及其可用度质量的关键，同时还是掌控和提高工程效率的决定因素。

通常，只有在物理架构层级上，才引入和实现与生产技术相关的选择、约束以及要重用（又称"复用"）的已有元素。逻辑架构中有歧义或不准确但不影响本身结构的问题，应在物理架构层级解决，以便为已识别的部件制定明确的研制合同。

基于以上原因，物理架构在技术细节上通常比逻辑架构阶段要更深入。

物理架构的定义与逻辑架构一般设计方法的定义非常相似，读者可以参考。

除了前文所述物理架构特有的目标和颗粒度之外，相对于逻辑架构，它还支持定义资源和材料的规模和性能，这也是实现解决方案中特定行为的必要条件。它也描述了产品的部件及其层次结构，作为产品分解结构定义的主要支撑手段。

正如第13章所述，物理架构分析是子系统、软件和硬件部件协同设计的最佳阶段。

定义物理架构的主要活动如下。

（1）定义架构和行为的结构规则。

（2）详细描述并最终确定预期的系统行为。

（3）构建一种或多种可能的系统架构并将其合理化。

（4）选择、完成保留的系统架构并证明其合理性。

8.2 架构和行为的结构规则定义

影响或约束架构定义的因素，以及前文（第 7 章 7.2 节）提到的视点和结构设计选择，同样适用于这一层级的架构，并且处理的方式上也颇为相似。

然而，物理架构的主要目标之一，是通过合理化方法将系统复杂性降至最低。针对此目标的一系列做法，包括此处提到的一些示例，仅用作示意目的。

最常用的合理化方法之一：通过检索相似性以及架构的不变部分（可以以相同的方式或配置使用多次，有时叫作"模式"），减少解决方案中的多样性和异质性。这些不变部分可以是尽可能复用或复制其组件的一般通用行为、数据、接口、统一协议或服务，因为它们需要在不同情况下（冗余、负载或流量均衡等）使用多次或由于通用性而被多个处理链使用。

这种"因式分解"能带来巨大的收益，因为它简化了解决方案的定义（从而简化了形式化模型的构建及使用）、实现、集成和后续保障等。

在目标使用环境中，恰当选择和使用行业标准也有助于减少多样性，且在大多数情况下，可以依靠行业预定义或现有的设计元素、部件、工具等，事实上也减少了实际开发和实施的范围。

[示例] 我们可定义一条可复制的元素"轨道信号指令"，在每条轨道上复制三份（发车、列车到达停止、到达列车通过）。此时，只有信号外观（形式、颜色、灯和面板的位置）会改变，而控制机构本身

不变。

此外，升降式路障控制板的功能和预期行为，与穿越阻拦装置的功能和预期行为相同，所以此处可再定义一个可复制部件，它总共被复用四次（针对两种设备类型和两侧平交路口）。两种设备的关键设计选择是在无先验相同的子系统之间共用公共部件。

关于标准，以车站信息系统、保证系统监控的处理电路和车站（多个车站）操作员的通信需求为例，选择以太网连接（这也是车站信息系统要求的）是有优势的，因为它符合商用网络交换机的标准。

另一种降低复杂性的典型解决办法是基于关注点的分离，即将它们抑制在架构里尽可能相互独立的部件中。上述关注点的类型可能差异较大：功能的（如将特定过程或程序的核心分离，同时又将其监控与控制分离）、技术的（将传感器的实现功能、数据处理以及与操作员的接口等分离开来）或涉及多样性抑制的（区分通用行为和特定于客户或需要的行为，并将它们分离到互不连接的部件内，以局部化适配每类客户和需要；也可以为一般的使用定义通用接口，并为了适配特定的接口而创建适配部件或层级，这也是唯一受到接口变更影响的部件或层级类型）。

[示例]　之前提到的安全性就是分离准则之一，要避免可能的共模故障，还要将关键部件的认证成本降到最低。

另一类准则可能是行业相关的：操作接口、实时或关键约束的处理部件、所用的硬件架构、电气或液压子系统等常常会委托给专业团队。它们必然各不相同，所以随着研制过程的推进，它们会转换为系统架构的独立部件。

与因素和视点类似，架构的结构规则应按相关性或优先级进行分类，以便能够对它们进行权衡，以避免相矛盾的解决方案，或在需要忽略某些约束时，找到可接受的解决方案。

应该注意的是，前面的元素也可能像影响架构方案一样影响到行为。

8.3 系统预期行为的详细描述和最终确定^①

该部分的目标是精确定义系统的预期行为，使其达到足够的详细程度和确认水平，从而可以实现、选择和购买每个部件，而不存在任何进一步的重大风险或问题。该定义必须证明其符合约束条件，特别是非功能性约束，这是在运行条件下使用系统时必须遵守的规定。

此阶段的开发方法是功能分析方法，它类似于逻辑架构分析中行为定义的实现（第7章7.3节），其原理应用方式是相同的。此处只提到了一些必须考虑且不会影响执行顺序的额外关注点。

最终确定的行为不应是对逻辑架构中行为定义的简单细化，还应该包含更多细节，尤其需要阐明逻辑架构中概述的表达模糊或不完整的处理过程，从而明确所选技术的部署条件等。但是，除了这些细节以外，对选定行为的最终确定过程，实际上常常引发重设计（技术选择和标准的采用，还有先前的结构规则），这必须从逻辑架构的原理行为和物理架构中所选规则含义的对比中得出。

原理行为的另一个潜在问题源自对自身行为做出贡献的现有部件的重用，且必须根据逻辑架构层级中已定义的原理对该部件进行描述和评估。这可能导致要么通过所重用的部件来替换原来的预期行为，要么只启动一项开发，甚至可能导致完全不重用该部件。

引入最先进技术、技术决策和实践时，很容易对行为产生约束，至少会增加与它们的实现相关的额外功能。例如：增加通信功能，两个机器以及相关操作之间的耦合条件；生命周期管理（启动、停止等）的技术功能和服务；每个系统部件的监督和监视，以及重配置的管理功能；测试目的所用的观察或激励功能等。

[**示例**] 如果 LA 功能"检测驶近列车"是通过检测列车运动（驶离或到达）的小传感器实现，那么在 PA 中，该功能将定义并命名为"检测列车运

---

① 第4章介绍了推荐的方法。

动"。PA 中的功能交换也与 LA 中不同，因为它只传输检测列车运动产生的简单信息。

PA 中还可能出现新功能来规范在 LA 中不去详细定义的行为。对于该案例，在 LA 中使用简单的功能交换表达操作员/系统交互，在 PA 中必须详细表达预期功能内容（地理表示、列车和车辆位置等）和交互机制（屏幕、键盘、鼠标等）。然后，这些功能可以分配给负责实现它们的部件，其位于系统处理功能和操作员功能之间，用于确保交互的媒介。

出于简化考虑，使用以下三种操作员接口功能。

（1）处理操作员指令集。

（2）显示交通和系统地图情况。

（3）显示交通和系统警告。

将此定义（见图 8.1）与图 7.1 架构建立的定义进行比较是很有意义的。

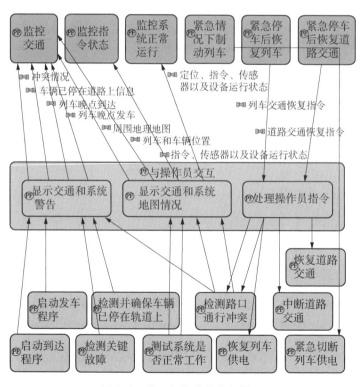

图 8.1　物理架构中的人机接口

[**示例**]　如果我们研究穿越阻拦装置的液压子系统，那么在逻辑分析阶段可以对功能"激活穿越阻拦装置"进行分解，其概要如图 8.2 所示。

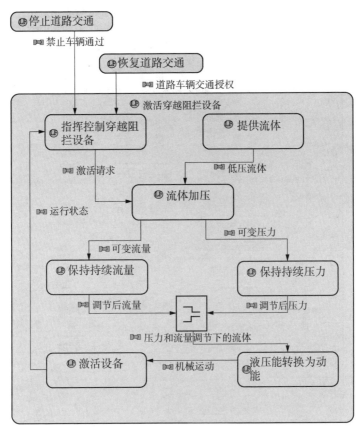

图 8.2　逻辑架构中"激活穿越阻拦装置"的功能分解

在 PA 中，为了能够确定液压系统需要的所有部分，必须进一步进行分析。描述相关物理架构的详细视图如图 8.3 所示①，黑体加粗标注的功能用于区分逻辑架构的对应功能。

---

① 注意：所提供的模型并不展现绝对的技术准确性，只作为示例说明该模型的形式，而不是其实质。

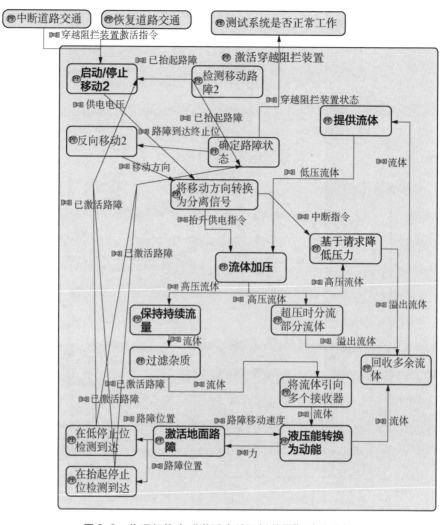

图8.3 物理架构中"激活穿越阻拦装置"功能分解

应着重考虑功能"将液压能转换为动能"和"激活地面障碍"之间的功能交换：一个方向上为力，另一个方向上为路障移动速度。

同样，此时应该准确定义接口，因为这是子系统供应商开发或供应的依据。

[示例] 液压油的性质和特性由数据精确定义，包括。

（1）液压油的物理性质（黏度、工作温度、应用标准等）。

（2）给定时间的物理状态（压力、温度）。

除了考虑值域外，还应指定使用单位（如℃和 hPa）。

压力和温度数据分组到交换项"压力下的流体"中，表示该流体在液压回路的某一点使用。

该交换项通过图 8.4 所示的功能交换进行传输。

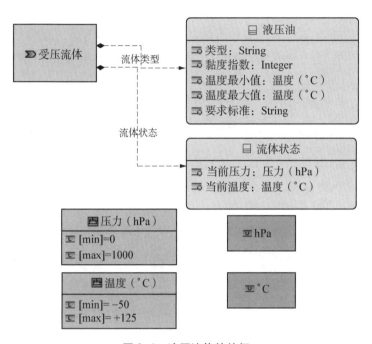

图 8.4 液压流体的特征

此外，回忆一下，架构的构建及其部件的识别往往是与行为的最终确定过程联合并迭代执行的，且会导致对后者的修改：功能范围可根据其分配、最先进技术水平、可用的货架部件或设备的不同而不同，也可受多视角分析影响。这可能需要重新评估部件及其功能内容和行为，而且，不同的生产和实现选项也可能需要对该行为进行重新评估或产生多种备选方案。

[**示例**] 在逻辑架构分析阶段中，已经定义了功能"检测列车离开站台"，为了确定它的最终物理架构，对现有系统分析的结果是优先选择检测系统（如使用磁环）。物理架构中的"检测列车离开站台"功能与逻辑架构中相同，但提供的信息不再是通知"离开"这一事件，而是该事件的存在状态（布尔值），因此使用该信息的功能必须适用不同的离站检测算法。

最后，为了验证所作决策的一致性、完整性和合理性，必须确保所选最终行为与逻辑架构中定义行为的可追溯性。

8.4 构建一种或多种可能的系统架构并将其合理化

此步骤旨在定义一种或多种解决方案，以反映 LA 中定义的结构规则、之前最终确定的行为、满足预期的非功能性约束，还要根据所采用的结构规则决定应用的技术和重用选择。

此步骤通过将功能分配给部件，定义了实现所需行为的行为部件（其原理类似于 LA 部件）。

[示例] 图 8.5 中展示了与 LA 定义部件类似的分解（后面会描述一些例外情况），以及随后将讨论的更多细节和设计选择。

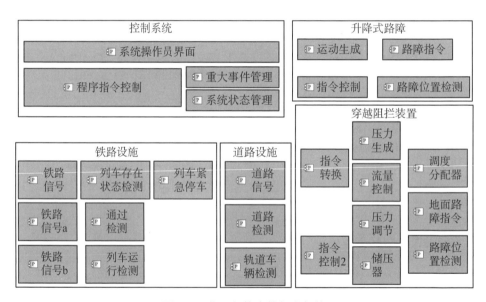

图 8.5 物理架构中的行为部件

构建行为部件的方法与在 LA（第 7 章 7.4 节）中构建系统实现方法非常类似，原理应用方式也相同：功能分组或分离；构建子部件或分组为父部件；部件接口定义（其中集成了所选标准的相关约束）；动态行为分配（场景、状态、模式等）；可能的需求细化及相关部件的分配，该过程与行为的最终确定协同进行。在部件之间的边界处，上述活动还需添加后续内容，如定义部件之间的通信协议。

[示例] "通过检测"和"程序指令控制"部件之间的交换项"列车通过平交路口信息"将包括以下各项（见图8.6）。

（1）轨道编号。

（2）通过时间。

（3）通过方向。

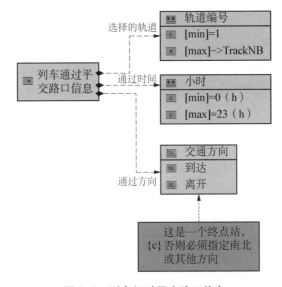

图8.6 列车经过平交路口信息

在最简单的情况下，或者在以物理或电气为主的系统中，交换项在此工程和建模级别上的描述和使用通常很简单。但是，对于涉及大量交换内容的复杂交换项，需按所实现的服务类型对它们进行分组，从而构造一个可以扩展的交换项列表，这便是接口概念的作用（主要存在于软件设计中）。下面的例子描述了相关的定义方法。

[示例] 出于示意目的，如果车站信息系统给列车正常运行和列车发车提供两个独立服务，需要创建"车站运行接口"，将LA中定义的交换项"列车离开信息"和"列车时刻表更新"组合在一起（见图7.8）。

该接口将作为分配给车站信息系统（数据提供端）和相应系统（数据需

求端）的端口。

下面给出了一个更为详细和全面的车辆检测雷达接口示例。

此外，PA中的行为部件在细化LA的逻辑部件时，还应满足LA中定义的分解标准（例外情况必须被证明是合理的），这些行为部件也可被复制以满足部署约束，并由与实现选择相关的技术部件来完善，它们通过追溯和理由链接与其实现的逻辑部件相关联。

[示例]　在LA中，定义了两个分别用于检测道路车辆和铁路车辆的部件，通过对现有技术分析表明，雷达可以实现这两个角色，同时还支持估算车辆速度并定位其精确位置。此处，需要两个雷达（每个雷达在覆盖铁路的同时分别指向道路一侧），它们都提供冗余的铁路检测，从而保证了安全性。

在此情况下，架构师可以将检测路障位置的存在/停止、排队长度和驶近车辆、车辆进入以及驶离铁道的多个传感器组合为单个传感器（雷达）。相比必须遵守的LA中的分解规则，PA中的这种组合决策是一个例外，但只要满足架构中的约束和结构规则，它就是合理的。

在图8.7中，行为部件"道路车辆位置检测"分为三个子部件：道路检测、轨道车辆检测和综合测试，每个子部件实现其执行的功能。在每个子部件上都定义了到行为部件的端口，类似于"操作手册"的特征，然后通过行为交换连接到系统其他部分。应该注意，汇总的父部件与其所包含的部件的端口之间存在委托链接。

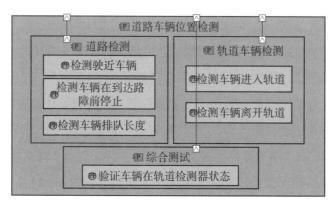

图8.7　道路交通检测雷达的行为部件及功能

还应注意的是，因为 LA 中验证传感器状态的两个功能由一个设备实现，所以在 PA 中有一个功能替代。

为连接该部件与系统其他部分，首先要定义与之相关的功能交换（见图8.8）。

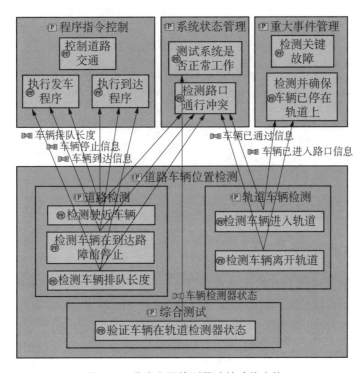

图8.8　道路交通检测雷达的功能交换

然后，通过对功能端口和交换分组，完成部件之间的端口和行为交换定义。

行为交换"道路检测"包含"车辆排队长度""车辆停止信息"和"车辆到达信息"的功能交换；行为交换"轨道检测"包括"车辆已通过信息"和"车辆已进入路口信息"；道路检测状态只包含功能交换"车辆检测器状态"。

在端口级别上，这些分组通过功能端口（见图8.9中的▲和△）到行为端口（▱）的分配链接表示（通过虚线表示）。

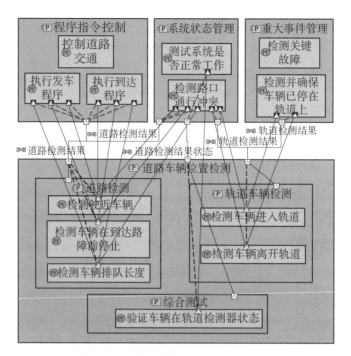

图8.9　道路交通检测雷达的行为交换

一般来说，每个功能的交换内容都通过交换项的形式定义，交换项集合以下数据和信息。

（1）功能交换"车辆到达信息"传输交换项"驶近车辆"，交换项由车辆清单（以及它们到平交路口的距离和速度）、路口的穿越侧和精确的检测时间定义。

（2）车辆停止信息，传输"已停止车辆"，以类似方式定义（速度等于零）。

（3）车辆排队长度，传输"已停止车辆数量"，仅由其数量定义。

将功能端口和交换组合为行为端口和交换的同时，也将交换项组合为接口。

接口"车辆在道路上的存在情况"包含之前的交换项，并与相关行为端口相关联。

这些信息可以通过更准确的符号形式化表示，图8.10为一个用于示意的例子。最上方的元素是接口，交换项在左边，它们传输的数据在右边。

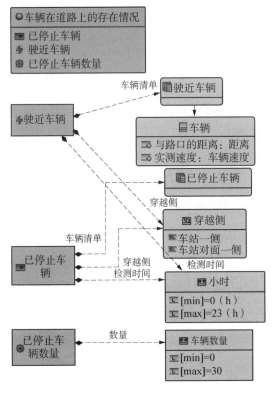

图 8.10　车辆在轨道上存在情况的雷达接口

类似地，接口"车辆在道路上的存在情况"包括交换项"车辆在轨道上"和"车辆不在轨道上"，两者都传输描述"穿越侧"的数据和"进入时间（通过时间）"（见图 8.11）。

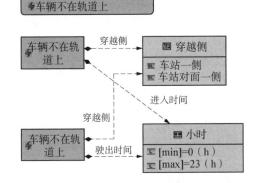

图 8.11　车辆在轨道上存在情况的雷达接口

将"雷达诊断"接口简化为一个布尔值,表示正常运行或处于故障(实际上,定义更详细的诊断会更好,但此处的决策为在所有设备中执行完全一样的标准诊断程序),如图8.12所示。

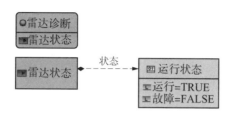

图8.12　雷达诊断接口

PA中补充了行为表达的描述,通过定义实现部件、主机物理部件、包含的行为部件并形成系统的基础设施实现。行为部件部署在主机部件之上,主机部件为行为部件的行为提供必需的资源,并为行为部件的通信提供硬件链接,可能包含高性能计算机、数字或模拟处理资源、机械系统、蒸发器、熔炉、化学反应器等。

主机物理部件通过物理链接互联,反映行为部件之间的通道介质(如有线网络、卫星链接、管道或机械轴)。

与行为和行为部件的合理化过程类似,主机物理部件也应执行相同过程,并满足搭建的架构规则。

[示例]　在此工程层级上,我们认为雷达是无须更多细节的单主机部件,它的细节将由雷达本身的工程过程负责。就其自身而言,控制子系统为包含两块电子处理电路板的机箱(或机架),一块是控制发车和到达程序的商用电路板,另一块是定制化的电路板(因为必须满足特殊的运行安全性和完整性约束,且考虑到驻留程序的关键性,如系统状态的管理以及重大事件的处理)。出于这种原因,在此工程层级上将给出上述两个电路板的详细细节,以上三部分(机箱、两块电路板)即是主机物理部件。

前面提到的两个子系统之间的主要物理链路由以太网连接组成,通过路由器(也用于与车站信息系统的连接)进行路径连接。

此外,如前所述,考虑到与其他设备的一致性,雷达正常运行的诊断通过一条离散链路转发。

图 8.13 中深灰色方框表示行为部件，包括其白色行为端口。前面提到的主机部件以浅灰色表示，物理端口（如连接器）以黑色表示。行为部件在主机部件上的部署，表示为一个部件包含另一个部件。物理端口（如以太网或离散电缆）之间的物理链路为黑色加粗线条。行为交换和端口分配给物理链路和传输它们的端口上，如图 8.13 所示。

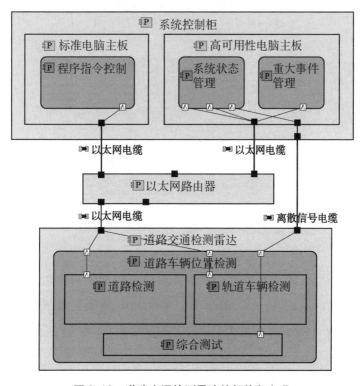

图 8.13 道路交通检测雷达的部件和实现

对于雷达的情况，物理路径并不一定缩减为单条物理链接，如道路和铁路检测必须通过路由器。所以，先定义一条物理路径，它包含从物理发送端口到接收端口的链接，经由上述路径的行为交换都分配到该链接上。图 8.14 给出了道路交通管制的物理路径，分别用虚线和点线表示，其中加粗实线部分是两条路径的共用部分。

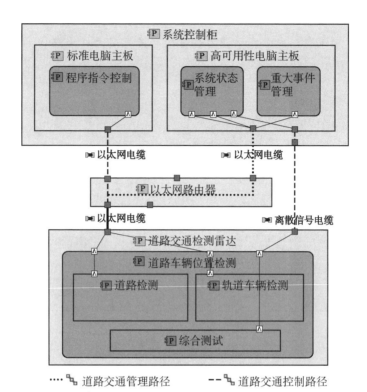

……▚ 道路交通管理路径　　 — —▚ 道路交通控制路径

图 8.14　道路交通检测雷达的物理路径

[示例]　图 8.15 中所示的升降式路障架构也使用了相同的表达方式,强调了功能(灰底)、行为(深灰底)和物理(浅灰底和加粗字体)层级(视角)及其链接的共存(为了可读性,此处省略了功能端口到行为端口的分配链接)。

我们应该注意功能(将电压转换为机械扭矩)、行为部件(运动生成)和实现的主机物理部件(电动机)的本质不同。

同样,功能层级上电动机和机械传动装置之间的交换在一个方向上是扭矩,在另一个方向上是转速,对应的行为交换包含驱动机械传动装置的电动机,对应的物理链接是电动机的电机轴。

[示例]　由于穿越阻拦装置的交换基于液压特性,所以此处展示了另一种使用模型的方式。

主机部件表达了液压回路的物理构成,其中以下行为部件定义了液压回

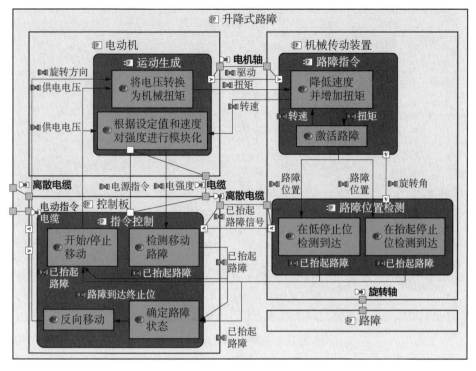

图 8.15　升降式路障架构

路的行为：集成压力生成泵和储压器的生成器、包含压力调节器和流量控制器的回路控制器、分配器、作动器等，它们之间通过管道和软管连接。要注意高压软管和低压软管之间的区别在于它们的物理特征（承受上述高压的能力），而不在于传输流体的压力（这是软管传输的功能或行为交换的特性）。

行为交换主要是液压油和系统指令的交换（见图 8.16）。

为了说明液压系统的运行，我们可在其实现部件内部增加功能及其功能交换。在液压和机械系统接口之间的功能交换主要传输流体，一个方向上是力，另一个方向上是运动速度。在给定的时刻和位置，流体的性质和物理参数可以用交换项来描述，如图 8.17 所示。

还应注意的是，为了说明构建解决方案的迭代性和全局性，且根据架构的选择，所采用的控制电路类似于升降式路障的控制电路（图 8.18 中控制功能旁边的数字"2"表示它是升降式路障功能的二次复制和重用）。

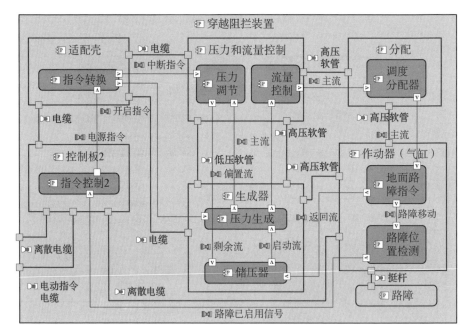

图 8.16　平交路口穿越阻拦装置

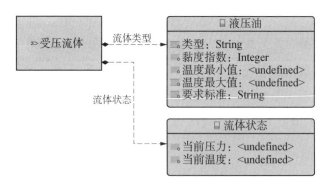

图 8.17　液压油的特征

　　这在架构方面是有益处的，但需要添加一个适配部件。实际上，路障的指令只有一个，每个新指令都反转路障的移动方向。在阻止通过的情况下，发出指令将路障从地面升起（通过泵提供动力），但同时需要另一个指令使其可以返回地面（降低压力使其借助重力作用下降），从而适配部件将一个沿运动方向的单一指令，转化为两个独立的开闭指令。

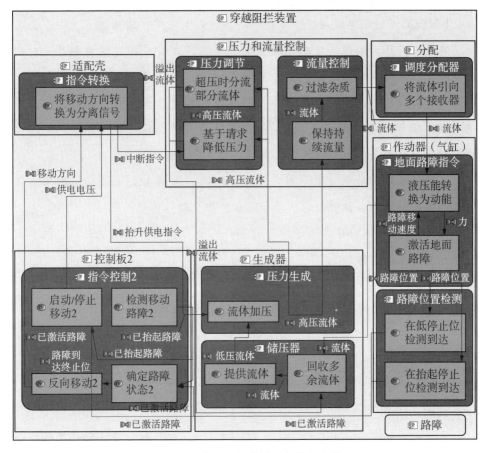

图 8.18　穿越阻拦装置的部件和功能

应当注意的是，PA 中的部件旨在定义产品分解结构以及构型项、接口和集成策略（见第 9 章）。因此，与 LA 不同，PA 中创建的所有部件（ARCADIA 给出的含义内）在接口、部署、开发、采购、集成、验证等方面均应有其物理存在。特别地，自带端口和接口的部件（将作为"黑盒"使用和集成）最终应委托给其子部件，而不是分布在多个主机部件上。定义主机部件行为的单个行为部件可以没有物理存在。

行为部件或者主机物理部件不用于构建分解树，它们仅被用于文档或综合目的或作为简单分组元素。此时的逻辑部件已承担构建分解树的功能，通过追溯和理由链接聚合物理部件，并提供架构的高层级视图。在不同的层级上，构型项基于特定的标准对部件进行分组。

[示例]　控制系统柜除了包含电脑主板和电源外，实际还作为一个物理部件存在。升降式路障和穿越阻拦装置（底盘、车身等）也同样如此，它们将在其他工程级别和不同模型（如3D机械模型）中进行描述。

同样，控制系统柜的行为部件（程序指令控制、系统状态管理、重大事件管理）实际上是作为单独开发的软件部件存在的，每个部件都有自己的生命周期，并且要与其他部件集成（高性能计算电路板等）。

在升降式路障的电动机示例中，行为部件"运动生成"在电动机主机部件之外没有物理存在，所以它不会出现在产品分解结构中。

另外，PA中不应存在用于组合的部件，如"铁路和道路设施""铁路或道路信号及检测"等。

8.5　选择、完成保留的系统架构并验证其合理性

在解决方案架构搭建的最后阶段（当前工程层级），必须从潜在备选架构中作出最后决策，并通过可接受的权衡，验证保留的备选架构满足所有为其提出的需要和约束。

与LA中执行的方法类似，每种架构或设计决策、每种备选架构、应遵守的规则、因素和设计视点等的评估应持续开展，以尽早排除不可行的备选架构。

例如，可用的实现资源不足以支持预期行为或相关参数（对于给定进程，计算机负载过高；对于给定管道，温度和压力过高等），将会导致架构的重设计，包括对行为部件的重新分解以及分配，或者需要使用其他实现资源（更高性能计算机和更结实的管道）。

此时或更早的阶段，必须基于更具体和详细的分析，对此层级方案设计的行为、性能和主要非功能性假设进行确认，以降低风险（不过也可以在每个先前步骤中完成，如测试特定的局部假定）。此方法将在多视点分析的章节详细描述（见第10章）。

8.6 总结

PA 视角在足够详细的层级上定义了解决方案，以详细描述其子系统或部件的研制，进而驱动系统 IVV 阶段。

它以远高于 LA 的精确度和完整度，描述了所设计的解决方案，但仍要保持与 LA 的一致性。它还综合了技术、环境和所需硬件资源，以保证预期行为。

此处，在所有设计层级的工程过程中（研制/采购规范、构型、集成支撑），所有部件必须有其物理存在。

PA 最终确定过程要执行的主要活动如下。

（1）定义架构和行为的结构规则。

（2）详细描述并最终确定预期的系统行为。

（3）构建一种或多种可能的系统架构并将其合理化。

（4）选择、完成保留的系统架构并验证其合理性。

8.7 练习

门的物理架构如图 8.19 所示。

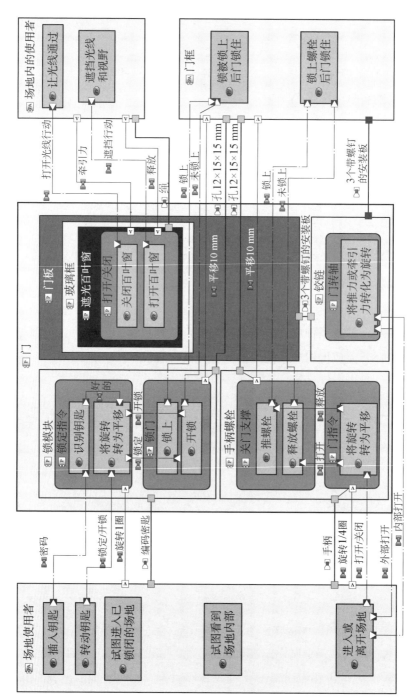

图 8.19　门的物理架构

9 实现、研制、采购及集成合同定义

9.1 规则

严格来说，产品构建策略（BS）定义是系统设计的最后阶段，它为物理架构中确定的子系统或部件的后期研制、实现、制造、采购及其集成阶段做好准备，直至系统在运行环境中获得认证。下文将围绕 BS 展开讨论。

在前文视角和阶段（尤其是物理架构阶段）实现并形式化的系统架构定义，形成了该视角的基础，该视角面向详细的规范以及系统部件的集成。

产品分解结构和每个构成部分的实现合同都根植于物理架构，它们大部分都是从物理架构中派生出来的。

集成、验证和确认策略以及支持它的测试活动基础也依赖于上述物理架构，它们负责将物理架构实施到交付给用户的最终产品中。

研制、采购和集成合同定义的主要活动如下。

（1）产品分解结构定义。

（2）最终确定待实现部件的研制合同。

（3）待采购部件定义的整合。

（4）定义集成、验证和确认策略及流程（IVV 策略定义）。

9.2 产品分解结构定义

产品分解结构列出了所有实体元件（研制或采购的），它们是集成阶段关注的主题，构成了前面所定义的系统（见图 9.1）。

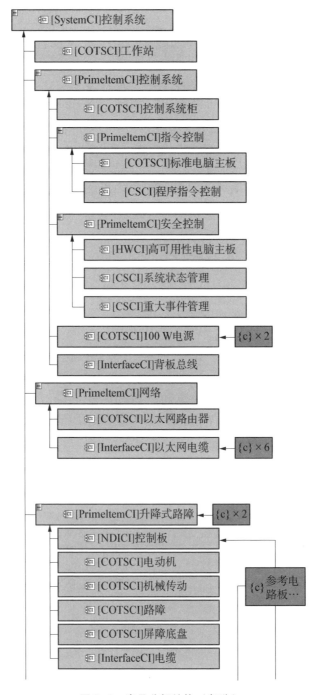

图9.1 产品分解结构（部分）

这些元件仅指当前工程层级所定义的部件。其中，设计并制造（非采购）的部分将在子系统工程环境中（软件、硬件、机械等）进一步分解，进而完成此处初始化的产品分解结构。

每个"项"在它贡献的系统定义中都作为构型的一部分进行管理，识别其构型状态，包括版本、参数及潜在的适配等，这些元素都是产品分解结构的组成部分。

产品分解结构的主要组成部分包括先前定义系统架构的结构元素（主机部件、物理链接、物理端口等），必要时还可包括更详细的描述（电缆、连接件等），也可能包括独立于所处主机部件采购或研制的行为部件（软件部件、计算机程序或者可编程器件的参数化等）。

一般而言，每个元件只能出现一次，如果存在多份拷贝，则需表明其基数（产品中所使用的拷贝数量）。

有时候产品分解结构还可添加其他内容，如用于分组的构型元件，比一组单独元素更易于处理和分包，且具有唯一的版本标识。

不过，仅有产品分解结构是不足以描述最终产品的，它不包含物理架构所描述的"组装规则"（很多时候都需要），所以产品分解结构只是一种部分表达，但它仍具有方便性，如在计算产品价格时。

[示例]　　图9.1给出了交通控制系统的部分产品分解结构，分解树的元素（构型项［CI］）根据其性质进行类型定义如下。

（1）主要项：分组元素。

（2）COTS：商用货架产品（商用产品）。

（3）CSCI：计算机软件构型项（软件程序）。

（4）HWCI：硬件构型项（硬件设备）。

（5）Interface CI：用于连接的构型项（软管、电缆等）。

（6）NDI CI：未开发项，此处用于引用未在相关分组元素环境中开发的项（如由路障和穿越阻拦装置重用的控制电路板）。

带｛c｝的深灰色中标记出来的约束表示基数，即所需的副本数。

9.3 最终确定待实现部件的研制合同

每个部件的研制技术合同描述了系统工程团队对其供应商的要求，以满足所产生的物理架构定义，并确保连续集成试验验证阶段的执行。

规则上，此合同的符合性应确保系统的 IVV 执行不会出现问题，并满足功能性和非功能性需要。

与产品分解结构类似，此研制合同大部分内容基于物理架构，且应与供应商协商或开展协同工程，更多详细信息可参考第 13 章。

行为部件主要描述了以下内容。

（1）系统环境下，部件需提供的功能（或服务）及其内部交换。

（2）基于交换元素属性〔数据、信号、信息、物料流、物理量（如扭矩或热量）等〕和交换起点/终点（对于功能和部件）定义的与环境（系统外部其他部件、参与者）的接口，区分执行预期服务所需的部件或服务是有意义的。

（3）部件内部及其边界（由功能链、场景、状态机等表达）的预期动态行为，特别是系统层级施加的内部状态和模式、与外部环境的通信协议，以及对启动、停止或重配置过程的贡献。

（4）整个 IVV 中交付组件的不同版本、其功能内容和相关的系统集成版本（日期），每个版本的功能内容和非功能性预期（限制性能、约束）必须基于先前元件指定。

（5）IVV 对行为部件的特定预期也可以要求以场景或功能链的形式进行演示（注意：假定在物理架构中提供的这些预期的场景、功能链等是派生并分配给每个部件的，即意味着必须对其进行相应的分解）。

（6）与所接入主机部件的接口（如先前接口将使用的该部件端口）。

（7）分配给该主机部件的资源以及通信介质〔处理能力、软件系统的内存、指标和物理量（如流量、最大扭矩或体积等）〕。

（8）部件对系统全局数据模型的潜在贡献，该部件与先前接口及其内部数据（如有必要）关联。

（9）必须遵守的非功能性约束，如性能（操作执行、功能链、场景的持续时间及其精度、服务质量）、运行安全（故障场景、关键等级、可怕事件或容许故障率）、安保（敏感数据分类、认证约束、攻击场景和可怕事件）、成本（开发、生产或系列化成本）等。

（10）可能的产品线约束（服务的可选部分和相关条件），形式上表达为与部件相关联的可变性树状结构以及每种可变性下的部件元素特征。

（11）对关注部件环境的运行服务条件的提取（以针对该部件的运行分析的形式）。

（12）分配给该部件的文本需求及其附带的定义，这些需求可以是逻辑或物理架构构建时细化或者分解的结果，大部分也可以是直接增加的，要么因为架构的内容不适合这些需求的表达方式，要么是因为它们已对先前元素进行了详细描述（如某些功能）。

主机资源部件描述了以下内容。

（1）由所传输元素的最大容量定义的［如数据大小和流量、信号频率、信息量、材料流、物理量（如最大压力、温度、流量或扭矩）等］与其环境（其他宿主机资源部件、系统外部参与者）的链接、端口或硬件接口。

（2）必要时，主机部件包含的链接和接口（如物理链接、电源设备、电缆或管道）。

（3）必须向行为部件提供的资源以及其最大允许大小和可能的消耗模式（每阶段、随时间变化或根据系统模式等）。

（4）相关的环境和监管特性［极端操作条件（如压力、温度、湿度或振动），要求的抗损坏性、外部资源消耗、散热、最大质量等］。

（5）分配给部件并附带上述定义的文本需求，要么因为此定义不适合这些需求的表达方式，要么是因为它们已对先前元素进行了详细描述（如物理约束）。

（6）产品线的限制（见上文）。

9.4　待采购部件定义的整合

原则上，上述合同定义也应适用于直接购买的部件及已存在的货架部件。

因为部件已存在并已完成设计和验证，所以看起来此时可以不执行先前的分析。然而，不管从功能性还是非功能性视角来看，都无法保证该部件能够满足系统的使用要求。因此，强烈建议按照前文的方法（尤其是在物理架构中），对已有部件（采购或者重用的）进行分析。

在此情况下，上述合同（更确切地说是部件集成的技术合同）主要用于将采购合同内容形式化，并用于验证交付部件是否与物理架构的预期描述相符。因此，可以通过适当的分析或测试，基于物理架构中分配的元素，验证合同中接口、功能、使用条件（执行的服务、使用场景、可用的功能链等）、性能和非功能属性的一致性。

此外，在直接采购的情况下，即便部件不满足集成合同，也很难甚至不可能对其进行调整。所以，首先要确保的是部件满足使用条件，其次是研究该部件不满足合同时的影响（至少在重大事件上），如果发现差异，必须开展影响评估，这有可能导致调整系统架构、进行容错预警、切换降级模式或备选方案甚至弃用该部件。

9.5 IVV 策略定义

IVV 策略定义了运行能力和系统能力的交付和验证顺序、部件及其功能的集成和测试顺序以及实现它们的条件（验证的性质、测试活动的内容以及所需的测试手段和测试台）。

该策略定义方法见第 12 章，此处只提到了一些与上述架构和支持模型的阶段和视角交互的元素。

证明系统或产品满足需要的验证性质通常以缩写 IADT[①]（检查、分析、演示和测试）表示：检查，它是多维的，超出本书范围；分析，架构模型上可以开展一定量的分析，尤其是基于多视点分析（见第 10 章）；演示和测试，它们通过模型中所描述的场景提出对系统施加的需求。IVV 需要验证的预期行为分别由该模型、功能链和行为描述表征，模型还为已识别缺陷的调查、分析

---

① IADT（inspection, analysis, demonstration and testing）：检查、分析、展示和测试。

以及定位提供了极大帮助。

以子系统或部件为对象的合同可以且应该基于模型构成，IVV 的每个步骤的测试方法和测试台同样可以根据系统的每个组成部分或子集的环境的功能内容（如请求它的功能或利用它输出的功能）来指定，从而可以提出测试方法和测试台的功能性和非功能性规范，其功能内容可以根据 IVV 策略进行版本化和及时发布，为支持系统的工程设计提供更大的灵活性。

最后，大多数情况下，IVV 的优化将反馈到架构设计中，以使架构更适用于数据激励、观察和分析功能，保证测试的先进性，并促进错误和缺陷的定位和管控。

9.6　总结

产品的构建策略视角，定义了系统中每个部件的预期以及它们在产品确认和验证阶段的集成条件。

研制、采购和集成合同定义的主要活动如下。

（1）产品分解结构定义。

（2）最终确定待实现部件的研制合同。

（3）待采购部件定义的整合。

（4）IVV 策略定义。

10 混合视点：分析和特性

10.1 合理性

大多数情况下，系统架构不仅仅基于功能标准构建。架构设计师面临的主要困难之一是找到最佳折中方案，以满足最终解决方案的所有约束，特别是"非功能性"的约束。例如，取决于所考虑的领域，以下关注点和难题（并不详尽）可能会在某种程度上影响架构。

（1）功能一致性。

（2）性能（对外部事件或输入的反应时间、待处理的元素数量或材料体积等）。

（3）接口复杂性。

（4）货物和人员安全、操作安全、容错。

（5）安保性、防范攻击（保密/不泄密、身份验证/不可否认性、拒绝服务①防护等）。

（6）人为因素、人体工程学。

（7）可靠性、可用性、可维护性、可测试性。

（8）质量、体积、尺寸、能耗、散热。

（9）环境保护。

（10）依赖性和易集成性。

（11）灵活性、模块化、可扩展性。

---

① 拒绝服务（denial of service，DoS），指计算机或网络无法提供正常的服务。

（12）产品政策。

（13）旧零件的再利用。

（14）技术的可用性。

（15）可用资源。

（16）易于分包。

（17）经常性和非经常性成本，供应延迟。

（18）开发和部署方面的能力，所需培训。

（19）后勤保障、部署限制、生命周期、退出运营。

……

当然，工程中的每个领域都有自己的关注点、约束和优先级（基于该优先级，权衡备选解决方案，并寻找最佳折中方案）。

对于解决方案中自相矛盾的约束和方向所导致的困难，基于解决问题的视角，需从每个关注点的专业性出发，它们一般是相关行业专家、要遵循的专业标准和专业知识、相关流程、解决方法和相关工具（此处将其归为"专业工程"）。

此外，专业分析与架构师决策通常不在同一周期和时间进行，因为它们需要非常详细的工作并且可能会耗费很多时间。因此，不仅要在约束之间找到一个折中方案，还要在工程中的不同参与者之间找到一个折中方案，虽然这通常被看作是架构师的工作，但实际上应以所有参与者协同工程的方式进行合作。

最后，在找到最佳折中方案之前，有必要研究不同的备选架构解决方案，因而需要在短周期中，从多个视角快速地评估每个备选方案的优缺点和适用性，其目的是根据模型的分析能力（如果可能的话，是自动的）帮助评估这些条件下的架构。

10.2 方法所遵循的规则

在每一个工程层级上，都应考虑如下几个工作阶段及类型，从而逐步得出所有需满足的约束条件和参与者之间的预期权衡（见图 10.1）。

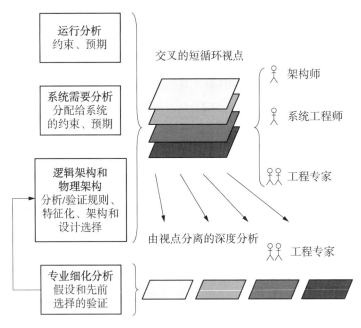

图 10.1 基于多个视点的分析方法

——在需要分析（OA 及 SA）的开发过程中，通过充分的运行分析和系统需要分析，在模型中尽可能捕获每个视点所需的约束。

——在最初的架构解决方案构建（LA 及 PA）期间，考虑到这些限制，需要在设计中进行权衡和选择。每个设计决策都可能受到任一视点的影响或制约，有时甚至会自相矛盾，所以必须在短周期内分析这些不同视点的影响，并快速得出、评估、保留或排除所有要考虑的备选方案，逐渐在不同的视点之间找出最佳折中方案。这需要同时通过不同的相关视点对架构模型进行自动化分析，从每个视点快速评估各个重要的设计决策，检查架构模型是否完全遵循领域规则以及是否满足每个视点识别的约束条件，该分析也有助于找出不符合项的原因及其所在。

——要最终确定解决方案架构和研制合同（PA 及 BS），还应针对每个主要视点进行细化分析，以确认上一阶段所做的初始评估和选择，新的分析（可与前一个分析并行）基于整个设计中定义的指标在视点中添加元素（对性能行为的精细描述、基于安全的功能异常转换等），从而细化并完成先前的模型，因此与短周期分析相比需要更多时间。每种视点都由专业工程师执行并且彼此独立。此外，采用不同的方法和技术来定义架构：仿真、有限元分析、形式证明等。在此阶段，通常会为每个专业创建"证据"和用于合同和监督的理由元素（如故障树），还可通过更精确的指标和数值来改进或更新架构模型中视点的特征。

——如果细化分析的结果质疑先前一个或多个视点所做的架构选择，那么必须重复后两个阶段以纠正架构中的错误或缺陷，然后再次进行多视点分析，以检查新的折中方案是否仍然适用于所有视点。

——在集成、验证和确认（IVV）中，有必要检查 OA 和 SA 中确定的约束是否在产品的设计、开发和生产中得到了有效考虑。这是一种通过定义检查每个视点的场景或者通过分析或审查的典型做法（其中一些可以是基于先前开发的工程和专业模型的分析）。

由于每个视点都可能创建一个或多个特定的细化分析模型，有必要确保一般架构模型和细化模型之间的一致性。为此，建议只保留一个参考架构描述，该架构描述由架构运行模型和每个专业工程的模型构成（不可冗余或重复）。例如，架构模型可用作系统结构及其内部和外部接口的（唯一）描述，并在细化视角模型中完成或细化每个部件。

注意：尽管如此，不应混淆此处由子系统工程师执行的需要及设计的细化分析（如"专业关注点"轴上的模型元素）。

每一个阶段和工程视角（从 OA 到 PA）都可能有助于进行多视点分析和相关选择。因此，每个专业视点与先前的架构视点（从 OA 到 BS）都是交叉的，并对它们做出贡献或使用它们。

[示例]　对于太空火箭，OA 中描述的可怕事件可能是无法跟踪预测的轨道（它可被链接到一个运行活动）。

然后，在 SA 层级中，系统所需的功能（如矢量推进）将与轨道计算出现误差和矢量推力功能故障等可怕事件相关，这两个事件应链接到 OA 中定义的事件。

最后，在 LA 和 PA 中，确保实现这些功能的功能链和部件，应进行功能异常及其后果的分析。例如，为了提高功能链计算精度，用于检查冗余计算链的部件将没有共享模式，这可能导致同时失效，该链接的失效概率对初始需求来说过高。

此外，对算法、轨迹图、故障、容错性、可靠性等的深入研究将确认所做的假设和选择，但当规范对轨迹或故障概率的性能不适合时，将会对这些假设和选择提出质疑，然后在所有视角上修改架构选择或重新评估备选架构。

每个视点都将形式化领域专家的专业知识，这将丰富描述需求和解决方案的模型，并使用这些模型检查主要的设计选择。

（1）在先前的建模中添加新概念：需要层级上的预期性能、可怕事件、可能对安保造成的威胁；解决方案层级上的资源规模、抵抗请求的物理能力、可靠性、统一成本等。

（2）行为或架构的相关准则和架构风格：客户端—服务端模式、支持安全性的冗余和多数表决、防 IT 攻击的防火墙保护、伺服规则等。

（3）用于检查架构属性（数据计算精度、计算延迟、压力或耗电量，检查关键功能链和冗余功能链之间没有共享故障模式等）的指标、专业标准、专业知识和模型分析算法。

（4）权衡或协调视点的标准（以可靠性、成本或性能为优先），从而可以选择最佳折中方案。

此处描述的方法涉及系统和子系统工程的所有层级（甚至是基本部件），在每个层级应用它的同时，也应在层级之间考虑分析和架构选择的结果及依赖性。

因此，系统的运行安全对子系统的设计和研制施加了约束，反之，子系统的特性和安全约束可能在系统工程层面上质疑（或影响）分析和安保政策。子系统或软件的失效模式受系统的失效模式的影响（计算或输入资源的失效），但子系统或软件的失效模式也应集成到系统层级的分析中（内部软件失效的后果）。

10.3 一些视点的说明

本节描述了设计以软件为主的系统的场景，该场景基于性能、货物和人员安全以及防范攻击的视点，依赖于针对每个视点的算法和工具，分析模型中捕获的每个备选架构，以验证其对约束和预期的相关性。在视点中发挥作用的现有或附加的建模概念用楷体表示。

[示例]　对于交通管制系统，需要在整个方法的主要视点中提及各种考虑因素，尤其是安全性因素。此外，本文还简要介绍了与这些视点相关的关注点和考虑事项。

10.3.1　运行分析

一般情况下，分析如下。

（1）确定视点的运行约束。

（2）由此推断出相关实体或参与者的特征、尺寸参数、预期及工作条件、运行活动和流程以及运行场景。

从性能的视点，分析如下。

（1）确定运行流程和关键活动的时间约束。

（2）列出用户预期的动作或反应时间。

（3）识别传递约束的叠加性和同时性的场景。

从货物和人员安全的视点，分析如下。

（1）识别潜在危险和相关事件及其危险程度。

（2）列出发生上述情况的运行流程、场景及其后果。

（3）定义这些场景中预期的降级运行模式（或保护模式）。

从防范攻击的视点，分析如下。

（1）识别运行缺陷以及要保护的关键元素和活动。

（2）列出危险攻击类型和相关场景。

（3）识别对攻击作出反应的相应策略和运行流程，以将不良后果降至最低。

[示例]　对于交通管制系统，需要确定道路交通可接受的最大拥堵时间。

识别可怕事件：列车离开或到达时车辆停在轨道上、驶近列车无法及时停车、错误的发车指令、未能（意外或恶意）观察交通状况并发布管制命令。

10.3.2　系统需要分析

一般情况下，分析如下。

（1）将运行约束分配给系统及其环境。

（2）根据确定的参数尺寸，描述系统需要（功能、交换、功能链、场景等）中每个元素的预期。

（3）定义系统和用户对设想场景的贡献以及必须管理的潜在降级模式。

从性能的视点，分析如下。

（1）针对每个运行流程定义贯穿系统的功能链，从延迟的角度来看，这些功能链是至关重要的。

（2）将先前的时间约束赋予这些功能链，并将其在用户和系统之间进行分配。

（3）定义优先级和可接受的最大响应时间，并定义系统过程或生产规模的场景。

从货物和人员安全的视点，分析如下。

（1）识别可能是可怕事件根源的场景或功能链。

（2）由此推断出每个参与功能、数据或交换的关键等级。

（3）定义与系统可怕事件（监视、重配置等）相适应的功能响应。

（4）最后，借助链接到系统功能内容或用户行为的新事件，完成危险运行事件列表。

从防范攻击的视点，分析如下。

（1）识别需要保护的关键功能链，并识别可能的功能缺陷或与交换相关的缺陷。

（2）由此推断出每个参与功能、数据或交换的关键等级。

（3）定义所需的功能性安全屏障（加密和身份验证）以及涉及防护或应对攻击的场景（断开网络连接）。

［示例］　识别停止道路交通所需的关键时间。在车辆停在轨道上导致列车延迟到达的情况下，根据列车的最大速度限制，确定检测车辆和信号驱动之间允许的最大时间，并相应地调整需求。

将列车运行信息定义为关键信息，将与车站信息系统的通信定义为存在的计算机安全风险。

添加系统正常运行所需的监控功能，并添加列车电源断电的紧急情况。

10.3.3 逻辑架构

一般情况下，分析如下。

（1）在已定义解决方案上传送需求的约束和特征。

（2）描述架构的元素（功能、交换、部件等）。

（3）实现架构规则和几个满足规则的备选方案。

（4）分析这些选择的相关性，并选择不同视点之间的最佳折中方案。

从性能的视点，分析如下。

（1）评估待实现功能的复杂性、交换数据的规模以及相应流。

（2）研究每个部件对关键功能链的贡献。

（3）确定性能方面的潜在困难点。

（4）设想与性能链接的初始调整（部件分解、功能和交换的分布和对应）。

从货物和人员安全的视点，分析如下。

（1）定义架构中可能的故障模式（故障部件或无法实现的交换），如相关场景。

（2）识别相关的传播条件（如定义链接不可用的功能输入/输出的功能异常转换）。

（3）根据这些故障，定义适当的安全屏障（如关键部件的冗余、多数票决）。

（4）检查每一个备选架构，确保先前视点（OA 和 SA）中定义的可怕事件的概率是可接受的。

（5）若有可能，通过与系统设计决策（功能和结构）链接的新事件来完成可怕事件列表。

从防范攻击的视点，分析如下。

（1）定义攻击模式和场景以及架构中可能的缺陷（如访问敏感信息或功

能、身份盗窃、拒绝服务、网络入侵或部分接管控制)。

(2) 识别传播条件(在入侵时可访问的功能或数据)。

(3) 根据这些故障,定义适当的安全屏障(用于加密数据和通信的部件或功能,包括防火墙、管理密码和私人密钥)。

(4) 检查每个备选架构,确保在先前的视角(OA 和 SA)中定义的攻击成功概率是可接受的。

(5) 最后,通过与系统设计决策(功能和结构)链接的新元素来完成缺陷列表。

[示例] 预估产生禁止道路交通的指令、降下路障和设备以及相关列车次序指令的时间。

添加站台信息系统的数据保护功能,以防止经由通信链接的黑客入侵。建议设置防火墙部件。

定义用于检测设备正常运转的功能、部件和资源,它们还用于检测进入轨道的冲突和处理事故,然后确定处理事故、切断列车供电及恢复时的操作人员和系统之间的角色分配。

10.3.4 物理架构

一般情况下,分析如下。

(1) 类似于逻辑架构。

(2) 集成主机物理部件,为通信提供资源和物理支持。

从性能的视点,分析如下。

(1) 类似于逻辑架构。

(2) 增加为行为部件提供资源的主机物理部件性能(如计算资源的处理能力和内存容量、通信方式的带宽)。

(3) 通过将功能复杂性指标与可用资源的指标进行比较,定义计算全局性能的规则。

(4) 评估性能(如比较分配给部件的所有功能的复杂性与该部件承载的资源处理能力,比较两个部件的功能之间的单位时间数据交换量与通信设备的可用带宽,推断功能链的响应时间)。

（5）分析并定位与需要视角中表达的约束的偏差。

从货物和人员安全的视点，分析如下。

（1）类似于逻辑架构。

（2）添加资源特征（部件可靠性、机械阻力、故障条件）。

（3）定义与物理资源链接缺陷的传播规则和条件。

（4）分析与可怕事件、故障树和相关最小割集相关的全局故障条件。

（5）设置物理安全屏障以达到规定的安全目标（如冗余的物理路径或资源、高度可靠的部件）。

从防范攻击的视点，分析如下。

（1）类似于逻辑架构。

（2）添加与所用资源选择链接的攻击和缺陷类型的特征（取决于所用的操作系统、通信标准或商业软件）。

（3）定义与物理资源链接缺陷的传播规则和条件。

（4）分析与设想的攻击、故障树和相关最小割集链接的全局故障条件。

（5）设置物理安全屏障以达到规定的安全目标（如已认证且安全的操作系统、硬件加密、生物特征认证）。

［示例］　检查电动机的功率和特性，并检查液压系统的等待时间和功率，确认它们完全符合安装路障和穿越阻拦装置所需时间。

选择一个用于指挥和控制的安全操作系统以及一个适用于已识别危险的防火墙配置。

选择一种用于安全管理的高效计算机主板，该主板适配系统状态管理和重大事故处理的软件部件。

添加用于检测关键故障和向操作员传递警告的功能。

为了确保检测到车辆在轨道上的存在情况，采用经典的包含监视部件的冗余架构：轨道两侧的两个雷达都可以提供车辆存在情况的信息，但是为了降低风险，还需要添加一个部件比较两个雷达的检测结果和并检测潜在的不相关性；此外，必须验证两个雷达彼此独立（尤其是通过分析物理架构），如没有共享电源，没有与共享控制系统的运行或通信电缆。

在冗余架构的基础上，适当的专业工程将对全局可靠性和故障概率进行计算，安全工程将详细分析故障模式及其影响、故障树和最小割集等。

10.3.5　合同开发

一般情况下，分析如下。

（1）为每个部件分配上述约束和设计决策。

（2）在集成的全局系统上定义分析、检查和测试场景的方法，以验证需要分析阶段定义的属性和约束及相应架构和设计决策的有效性。

（3）如果可用部件无法支持这些约束，则需要重复先前的流程。

从性能的视点，分析如下。

（1）定义每个主机物理部件和物理链接应提供的能力和资源（如计算能力、内存容量、带宽）。

（2）为每个行为部件分配最大资源消耗预算。

从货物和人员安全的视点，分析如下。

（1）为每个部件定义关键性和可靠性等级以及发生故障时的预期行为（如故障检测和限制功能、重配置、降级模式）。

（2）在组装部件时，出于安全性考虑，应在系统工程层级传播并验证仍有的缺陷，以及约束和决策的后果。

从防范攻击的视点，分析如下。

类似于货物和人员安全视点中的方法。

[示例]　指定具有安全管理作用的软件，并要求最高级别的质量保证。雷达工程部门将报告与检测错误或误报有关的风险，并及时采取预防措施。负责路障和穿越阻拦装置的工程人员，将在子系统终端分配承载最大允许打开/关闭时间的功能链。

10.4　总结

为了更好地满足识别的预期和约束，应在考虑各种关注点后，确定可接受的架构折中方案，每个关注点都来自不同专业（安全、安保、性能、产品线、成本、保障、人为因素等）。

　　该模型可以为专业之间的协同工程提供必要的支持，每个专业都为需求带来自己的约束，通过检查解决方案对它们的适配性来帮助架构师评估每个备选架构的优势。

　　应以迭代方法进行分析，首先在短周期中进行多视点分析，以选择最可能的备选方案，然后从每个视点详细地验证假设，并在必要时重复上述流程。

11　需求工程与建模

11.1　基于非形式化需求的工程限制

在大多数工程实践中，非形式化需求（"系统应提供某项功能""……应满足某种性能"等）仍然是管理客户技术合同的主要载体：客户以客户需求或用户需求（UR）的形式表达他们的需要，供应商分析、细化、定义或完成这些需求，从中得出与用户需求相关的部件子系统必须满足的系统需求（SR），进而形成描述最终系统预期的"技术合同"。

这些需求[①]通常也是形式化系统定义的主要（甚至是唯一）载体，通过将每个需求分配给一个或多个组成部分或子系统来描述。类似于测试活动，分解树中的每个构型项也应链接并验证其满足的需求，故障记录和变更请求由需求的可追溯性支持。

然而，以需求为中心的方法具有明显的缺陷，它可能会在高度复杂的环境中削弱工程化的概念。首先，这些需求并没有被形式化地描述，可能会产生歧义和多重解释，也不能通过形式化方法或自动化分析得以验证。其次，它们很难以共享方式准确描述功能架构解决方案，也不足以支持设计（研究和描述备选方案、验证属性、证明定义的合理性等）。最后，由于创建上述追溯链接的过程不清晰且无法形式化，将导致难以验证这些需求，链接也不易被使用。

对于以需求为中心的工程来说，最明显的限制出现在集成、验证和确认（IVV）中，因为这是首个真正验证全局设计假设的阶段（与模型方法和多视

---

① 此后，除非另有说明，否则将使用单个术语"需求"来描述主要是文本的非形式化需求。

角分析提供的预期验证不同）。IVV 阶段反复出现的主要问题如下。

（1）对集成阶段及其复杂性的掌握不足（每个阶段的需求具有不同的复杂性）。

（2）当运行验证需求的测试时，缺少相应部件（默认情况下，满足需求的功能和部件没有严格的标识方法，将导致需求无法链接到产品分解结构）。

（3）由于缺乏端到端的功能性视图，将难以掌握行为，尤其是非功能性行为（启动、构型更改、异常状态和模式等）。

（4）定义、组织和优化非回归测试的高复杂性，同样因为缺乏端到端的功能性视图，非回归测试的定义、组织和优化将会高度复杂。

（5）定位故障和分析影响方面的困难等（需求没有描述解决方案的运行及其结构）。

这些问题将随着系统复杂性、产品和项目以及工程团队规模的增加而增加。

在系统和子系统工程之间的衔接中，仅使用非形式化需求是无效甚至存在风险的。事实上，用基于针对子系统工程的非形式化需求，来重新表达系统设计的需要，既没有意义又昂贵，也容易产生错误和误解，因为非形式化需求的描述不具备可表达性和严格性。另外，子系统工程团队将不得不从这些非形式化元素中重新构建子系统需求的视角，而不能保证与系统工程师非形式化和未传递的视图一致。有时伴随文本需求的非形式化图表可以帮助他们相互理解，但随着复杂性的增加，这种理解将会愈发不充分。

11.2　使用模型作为表达需求的支持

使用模型的工程方法（如 ARCADIA）通过使用模型而不是非形式化需求[①]作为主要工程载体，来消除传统方法的局限性（形式化"模型需求"，而

[①] 例如，可以分章节构造非形式化需求（通常是文本形式），每种需求都以独特的方式标识并赋予属性，从而能够根据其用途来对其进行描述（运行重要性、关键性、成熟度和状态等），并与产品分解结构中的元素和测试相链接。但是与模型需求不同，它们不使用通过形式化语法和语义限制表达歧义的描述语言，并且不基于语义链接来彼此链接；
支持 ARCADIA 模型的语言（本书第三部分进行了描述）绝对不是一种严格支持测试或验证数学特性能力的"形式化"语言，它其实是一种简单的描述语言，应用于非形式化需求不允许的构造、证明和评估方法。总之，模型需求（如模型）是形式化的，但不是严格意义上的形式化。

不是"形式化"需求），在图 11.1 中有简要介绍。

① 在需求分析中将客户要求转换为模型需求，并建立两者之间的追溯关系

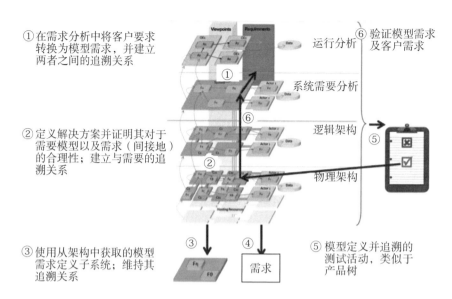

⑥ 验证模型需求及客户需求

运行分析

系统需要分析

逻辑架构

物理架构

② 定义解决方案并证明其对于需要模型以及需求（间接地）的合理性；建立与需要的追溯关系

③ 使用从架构中获取的模型需求定义子系统；维持其追溯关系

④ 需求

⑤ 模型定义并追溯的测试活动，类似于产品树

图 11.1　模型-需求的主要支撑

需要将在模型中被形式化，尤其是在运行分析和系统需要分析中以可验证的形式被共享和分析，从而定义模型需求。每个模型需求都由单个模型元素或一组满足相同需求的元素组成。功能需求通过运行活动、系统所需的功能、交换、数据、场景、运行过程和功能链、模式和关联状态来传递；非功能性需求也可以通过模型元素来传递，如通过功能链（传递延迟约束或相关可怕事件）或描述密级的数据来传递。

此时，该模型难以表达的需求会记录在完成该模型产生的文本需求中，如环境需求（温度、腐蚀等）、要应用的规范和标准或所需的维护期限。此外，建议不要创建"人为"功能来传递此类需求（如假设一个"确保 20 年的使用寿命"的功能），这使模型变复杂而没有相关收益，反而不如将功能保持为文本形式（如果这是最清晰的话）。

解决方案通过逻辑和物理架构模型进行形式化，通过对需要和解决方案的功能性（和非功能性）分析之间的链接，实现对需要的追溯和证明。

模型（而不是需求）通过物理架构中的部件链接到构型元素和产品分解结构，"模型需求"和这些元素之间的链接由需要解决方案的追溯链接和在部

件上分配解决方案功能的链接获取。

类似地，测试活动最好链接到能力、功能链和描述它们的场景，但也可以链接到所有构成需求的模型元素，这些需求应通过测试活动进行验证，如有助于确认接口定义的一组系统模式或一个交换。

如第 13 章所述，工程层级之间的衔接以及每个子系统或部件的模型需求（与上述内容在本质上相同），直接由系统模型的物理架构产生，并通过系统元素和子系统模型之间的追溯链接与物理架构相链接（通常为一一对应）。

应保留需求和其他工程部件之间的所有类型链接，它们是需求的重要支撑。这些追溯链接依赖于形式化的、统一的模型以及明确的、可验证的过程，这保证了它们的使用和工程的开展。

如果客户愿意，那么文本或非形式化需求仍可作为主要载体。对于客户来说，功能描述是对规范开发的解释性补充和（或）支持。因此，在系统需要层级上，只有客户需要知道并同意的内容才会添加到非形式化的客户需求中，该协商过程由模型支持。

在工程中恰恰相反，模型包含了大部分对需要和解决方案的描述。因此，通过模型妥善表达的内容都以"模型需求"的形式被形式化，此时创建或细化与它们冗余的非形式化需求将毫无意义。

当需要表达更精确或者模型无法表达的约束或预期时，可以添加文本内部需求。客户需求可以追溯到模型和工程部件，并通过模型验证这些需求已被覆盖或间接满足（见第 12 章 12.4 节）。

11.3 非形式化需求和模型需求之间的链接

当模型成为系统需求的主要载体时，从客户处获取的非形式化需求应尽可能"转化"为模型元素，并在它们之间建立追溯链接，以表征将每个需求形式化的模型元素。"模型需求"主要包括系统需要分析或运行活动中的功能、交换、数据和接口、场景、模式和状态、功能链、它们的非功能属性或集合（分组元素）。例如，从需求到功能链或对其进行说明的场景的链接即足以直接验证需求，从而可以限制可追溯性及其使用的成本。

通常，一个客户需求需要考虑模型中的多个元素，一个功能也可以有助于表达多个客户需求。

如果一个需求依赖于两个功能之间交换的数据，则最好将该需求链接到相关的交换，因为该交换可能携带相关数据的定义。例如，可以由这些数据追溯到承载它们的交换，进而追溯到相关需求。

如果一个需求只依赖于承载它的功能，则不能简单地由分析模型来实现，但如果需求集中在功能之间的全局交互上，那么在定义验证需求的测试时，应该同时考虑该交互两"侧"的功能（与需求相关联，并在 IVV 期间提供）。

在物理架构中，一些客户需求可以直接分配给解决方案模型的元素（由此进行追溯），如设计或实现的技术选择、生产约束或遵守规范，此时将它们链接到需求模型就没有意义了（避免在没有额外目标的情况下创建人为功能），这些需求也可以链接到物理架构中的部件、端口、交换或物理链接。

无法进行建模的非形式化客户需求与模型并行维护，因此不会有相应的链接。在考虑完需求后，更重要的是应将每个需求分配给模型元素、工程项目（仿真、研究等）或子系统。

工程完成需要模型并设计解决方案后，即可在模型中添加非形式化需求，以补充需求模型，表达工业约束（重用选择、技术选择等）、研制、采购或生产约束，并准备实现子系统规范。这些需求也可以链接到任何物理架构元素，包括部件、端口、交换或物理链接。

非形式化需求（特别是客户提出的需求）对工程部件（产品分解结构、测试等）的追溯链接在必要时仍然可用，通过模型和如下链接间接获得：需求—模型—部件。

注意：将衍生需求分配给子系统的方法将在第 13 章中描述。

11.4　结构化需求和模型

第一种结构化所有需求的方法是分离，分离客户需求、根据客户需求形成的系统需求、根据要研制或提供的子系统和部件规范在工程中添加或衍生的需求。这三个需求主体遵循不同的生命周期，所以应该独立管理（特别是在构型中），但考虑到它们之间存在链接，故三个主体也应是相互关联的。

三个需求主体中，模型传递的需求由模型实现的概念（优先由相关的能力、功能链和场景）构成，它们不仅要代表不同的使用环境和客户的主要运行预期，还将构建集成、验证和确认策略，详见第 12 章。

另一种结构化需求的方法（对第一种方法的补充）是重新分组，重新分组由所有产品备选方案共享的系统部分传递的需求，并根据它们的可变性重新分组或分离其他需求。在逻辑或物理架构中，与第一种结构化方法并行，部件为重新分组需求提供了另一种用于系统和子系统工程之间衔接的基本方法。

这两种结构化方法不仅有助于理解系统定义，还可以更方便地处理部件或功能的重用、独立配置的管理、基于可重用部件组装的产品策略等。此外，它还有助于根据与模型的链接（如通过能力或可重用部件）来构建非形式化需求，但需要重新制定、切割、细化或复制需求以实现该分配。

11.5 总结

在 ARCADIA 提倡的基于模型的工程方法中，需求的主要载体是模型，它在运行分析和系统需要分析中传递系统需求，并支持需求与实现、测试活动和测试用例以及产品分解结构之间的追溯链接。

仍需保留文本或非形式化需求，以便在必要时获取合同客户的需要，虽然模型无法形式化这些需求，但它们可以用于定义子系统和补充模型（仍然是其主要规范载体）。

12 集成、验证和确认方法

12.1 测试策略的定义和实现

12.1.1 规则

除了确保工程过程和对设计决策的验证做出预测之外，基于模型的系统工程的一大好处是支持系统（或更一般地讲，满足需要的解决方案）的集成、验证和确认（IVV）。

下文将详细说明上述三个概念的定义、差异性目标及其与ARCADIA不同工程视角的关系。

"系统集成"旨在确保系统全局运行状态符合系统物理架构设计期间所选行为，这是工程内部的活动，用以验证系统行为设计的全局一致性。为实现此目标，系统集成通过组合（组装）部件逐步构建整个系统，在每个阶段，验证部件的行为及其局部交互是否符合规范，此规范来自系统物理架构针对该部件的描述以及由此产生的研制合同。

"验证"旨在证明系统满足设计需求（功能性和非功能性的）；该需要在系统需求以及模型的系统需要分析视角中描述。此时，系统被视为一个没有预设结构或内部功能的整体，即无法查看内部结构的"黑盒"。

"确认"旨在证明系统在实际使用中完全满足客户、用户和其他利益攸关方的运行预期及条件，这些预期主要在运行分析及客户需求中描述，并涉及运行的所有方面（如部署、使用、撤销条件、环境等）。确认通常是一个指向最终用户的更开放或面向系统外部的活动。

为了构建 IVV 策略，传统的方法是从非形式化需求中形成与产品分解结构（要集成的部件）的构型元件（configuration elements，CE）的追溯链接，并通过集成与需求相关的构型元件来创建用于验证每条需求的测试活动。

若需要和解决方案的复杂性增加，根据经验，传统方法将导致先前的追溯链接不再可靠，或证明；构建测试活动的方式仍然是非形式化的，并容易出错；最后，由于对系统架构和行为缺乏准确详细的了解，很难精确定位设计缺陷和需求变更，继而难以优化测试策略和非回归测试。

ARCADIA 提供的工程支持模型可以通过最准确、最合理的方式将需要、解决方案以及它们之间的追溯和理由链接进行形式化。IVV 方法主要依赖于工程模型。

需求描述（OA 和 SA）是客户确认以及在每次交付中向其提供功能定义的主要载体，它还可以用来定义确认测试。

解决方案的功能描述（LA 和 PA 中的功能分析）可以定义集成的测试活动及相关内容，以验证解决方案形式化的预期行为和实现的功能，从而通过功能描述中提供的能力和功能来定义连续集成版本。

功能描述与结构部件描述之间的衔接，可以定义集成部件的组装顺序和逻辑关系、与待集成部件关联的功能内容以及各个阶段系统集成部分边界所需的测试手段。该方法也是缺陷定位和识别以及非回归分析的主要支持。

12.1.2　定义测试和集成策略

定义测试策略的第一个阶段是定义**提供运行和系统能力的策略**、功能链或场景，并对其进行验证，还要定义它们的集成顺序。集成顺序主要取决于能力之间的依赖关系，集成和验证一个能力之前，应先对它所依赖的能力进行集成和验证。客户也可以根据其自身需要确定一些能力。

应该考虑功能链和场景中涉及的功能之间的依赖关系，最好检查向这些功能提供数据的功能是否已在先前阶段进行了集成（如果没有，可以通过仿真方法实现），通过定义一个**功能版本控制**来定义连续版本的功能内容。

考虑到**架构约束分析**，原始功能分配可能需要重新排列，某些部件可能无法在需要时立即可用，从而影响功能集成顺序。为了进行架构约束分析，除了先前的能力和功能之间的链接，模型还会显示一个包含分配功能（这些功能来自所需能力）的部件列表。如果缺少某个部件，虽然可以追溯到相关的功能、功能链、场景和能力，但无法在此阶段对它们进行测试。

还应考虑资源与主机物理部件之间的依赖关系。除非有其他模拟或仿真IT计算资源的方法，否则无法在其就绪之前集成行为部件（电源供应、制冷、液压加压资源也类似），该物理依赖性也应在模型中进行分析。其他类型的技术依赖性也是如此，如"在提供客户机之前启动服务器"（测试或仿真手段可以暂时跳过这些问题）。最终，风险管理将尽早针对关键部件或功能进行测试。

上述三个相互影响的活动应该并行开展和持续迭代（见图 12.1）。

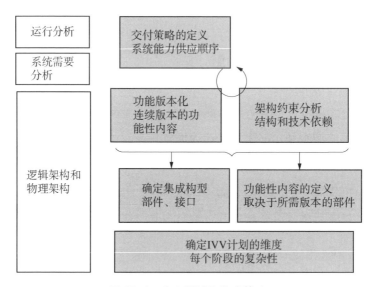

图 12.1　定义测试和集成策略

定义测试策略的下一阶段是**确定集成构型**，根据客户预期的先前功能版本与时间规划，描述每个先前版本中架构的部件和元素、部件和测试手段的可用性以及与验证每个集成版本相关的工作负载。

这些活动的描述超出了本书的范围，但工程模型仍然可以指导和确保 IVV 计划的维度。

首先，从一个版本的功能定义开始。分析模型（从特定的视点），确定要集成的部件进而形成一个版本，更准确地说是确定部件应为版本（集成构型）

提供的（部分）功能内容，这是每个版本必需的部件功能内容的定义。因此，每个部件的研制合同将包括每个集成计划版本所需的功能内容。其次，对于每个部件，可以通过功能依赖关系来确定它所依赖的其他部件，进而将这些部件添加到集成计划中，这可能会导致我们重新考虑纯功能相关的初始策略。最后，有必要确定 IVV 计划的维度（即使这可以并且应该在先前的工作中完成），以理解其在先前定义的每个阶段的复杂性。该模型通过功能内容、工作的接口数量、场景数量、功能链数量或待测部件数量等，给出了每个集成版本相对精确的工作，从而可以通过客观指标对相关工作进行界定，并验证连续预期的阶段是否与项目资源和约束完全匹配。例如，尽可能地平衡版本之间的工作，或者增加集成团队人员的数量来逐步适应增加的工作。

12.1.3　优化多层级 IVV

作为系统工程与子系统工程的协同工程延续，可以通过不同层级模型之间的组织和链接来联合优化多层级 IVV（系统与形成它的子系统之间）。

一方面，可以用与模型表示的规范相同的方式和时机指定子系统的 IVV 预期。

（1）预期的版本控制（通过分配给子系统的功能与它们之间的链接，列出连续版本及其功能内容）。

（2）所需的验证方案和分配的功能链，在子系统边界（第 12 章 12.3 节）等位置。

另一方面，当每个工程级别都定义了测试活动和策略时，可以通过在系统级定义一组子系统测试，然后检测其中互补或冗余的测试来优化它们。这种方法依赖于系统和子系统之间的模式链接。例如，若系统中的功能链可分配给单个子系统，那么应在该子系统层级上对其进行测试；若已经在子系统测试中完成了所有细节的验证，即可以简化系统场景。

12.1.4　规定测试方法

在大多数测试活动中，应根据所选测试场景来激励（部分）系统，分析其运行结果，并与预期进行比较。

因此，有必要定义能够根据所选场景和功能链提供激励的测试方法，分析系统输出并验证它们符合预期。

此外，在每个IVV阶段，并非所有所需部件都是可用的，然而基于集成逻辑和风险评估等因素，测试应从此时开始。在这种情况下，需要采取临时措施，使用明显受限和简化的功能或非功能内容来替换实际部件。

在当前基于需求的工程实践中，测试方法的规范出现得很晚，一般在详细设计末尾或开发阶段。事实上，如果缺乏对集成阶段内容和详细构型的精确认识，应该等待每个子系统或部件中的第一个支持定义相关测试方法的设计元件出现。由于很难精确定义每个阶段所需的功能内容，从集成之初就应该完整地提供大部分替代手段。

在ARCADIA方法论中，可以从几个方面精确规定大量的测试方法，要在模型中为先前设想的每个版本和测试场景，确定实际应提供的以及通过测试手段模拟或临时替换的部件、待验证的数据和参数还有相关的观测手段。因此，从该定义阶段开始，可以用相同的版本规则和预期功能内容来规定测试方法的预期，这将会发布测试方法设计的工程约束，并延长其可交付的时间范围。

根据上述方法，当定义了部分架构并能够将其集成到给定版本后，测试方法功能定义的第一阶段应至少包含版本内容外围的功能（这些功能可与边界上的功能进行交互）；测试方法（或集成到系统中的内置测试功能）所需的初始功能可以通过进出模型边界的功能交换直接获得；将会创建模型中的一组元素（测试方法需要），并用第一批功能（包括与被测试系统部件的交换）将这些元素初始化。

如果有必要，则应由系统工程人员添加测试方法需要的附加功能，这些功能包括几种类型：①系统模型功能，它通过功能依赖链接（即交换）链接到先前功能并指定测试方法的预期行为；②替换某些系统功能的功能，用来简化系统功能或使其适配测试方法；③属于测试方法的附加功能，可以用来管理特定激励、使用和分析测试结果、将测试控制权交给测试人员或提取系统测试必需的数据。对于附加功能，需要在系统架构中增加激励注入点和观察点，使其能链接到系统的测试方法。

从系统工程视角来看，由测试方法提供的上述功能可以被分组到构建该方法的部件中，用于重用（包括几个连续版本）或定义连续的仿真变体（该仿真变体的功能会愈加丰富，其中一些仿真变体在使用专有方法前由标准商用货架主机资源实现），或用于方便管理相应测试方法的不同版本及构型内容。

有必要在 IVV 策略中为不同版本和系统部件定义多种构型状态：一些状态可以通过仿制品、模拟方法或仿真方法替换（如对尚未提供的子系统进行仿真，或在最终的计算设备安装之前使用商用货架计算设备），或者通过不如最终系统严格的需求替换（精度较低的计算功能、较少的通信流量等）。这种情况下，需要在几个连续版本中为测试方法创建不同的部件和功能（临时替换物理架构中的最终部件），并通过理由链接将它们链接到测试方法。

因此，借助"测试方法需要"的元件以及相关功能和潜在部件，可以将所有决策形式化。通过一个属性（该属性描述元件性质，以及它们是否属于测试方法和替换最终系统元件）来描述所有元件将会十分有用。"测试方法需要"的版本应与 IVV 策略相关并可能为每个 IVV 版本定义测试方法需要。

作为定义测试方法需要的结果，将自动生成版本化的需要模型作为其自身工程的输入，同时也将自动生成子系统的模型（见第 13 章）。

由于工程系统可能已经在高层级上构造了这些部件，衔接将以"多部件"类型转换的形式出现。此时，在将形成的侧重于测试方法的需要模型中，定义为"测试方法需要"的元件将随着测试方法规范的形成被传递，系统元件也可以用与之交互的测试方法之外的参与者来表示。

12.1.5 优化集成进度

第一种优化集成的方法是在早期架构设计阶段定义 IVV 策略，以验证当前架构的易测试性，并及时调整该架构，使其容易集成。

例如，如果一个功能丰富的部件需要大量统一集成工作，那么最好将其分解为子部件，这样更容易测试、观察和定位缺陷，并简化非回归测试。

可能还需要添加专门用于测试的系统功能，如测试功能复杂且相距较远的两个部件之间的通信：在执行复杂的测试程序之前，独立的简单通信验证功能有助于检查该部件的质量和完整性，从而可以逐步验证预期行为并更精确地识别故障根源。

同样，为了架构的可测试性和可观察性，可能要增加观察点或激励点，即分离不同部分，以便将其在系统中进行单独测试，同时也要审查分解的部件。

在 IVV 的一般活动中，建模的首要优势是可以更好地掌握系统架构和理解其操作以及拥有更高的缺陷定位精度。事实上，通过模型能够更好地理解系统的功能和每个部件对系统的贡献，从而可以看到场景或功能链之间的影响，进而比较观察到的行为与模型提供的行为，以计算偏差和定位其来源；还可以设计额外的测试场景来改进缺陷的分析和定位，这比脱离模型的方式更为准确和恰当。

随着时间的推移，另外一个重要优势来自更为有效以及更加便利的管理手段。例如，如果一个部件或子系统提供得太晚或者其功能不符合预期，那么模型就能够识别出其中不可用的运行能力或功能（追踪分配和追溯链接）。虽然系统无法通过执行不可用的功能来实现预期，但此时模型依然可以帮助识别系统测试运行所需要的部件或功能（追踪部件/功能/场景链接）。因此，我们将权衡集成策略中定义的所需集成版本和部件功能与目前部件可用性之间的冲突，并且定义"可用"的集成版本，然后对比所需集成版本之间的差异，对相关测试活动进行审查和调整。

对在 IVV 期间发现的缺陷也是如此，可以对缺陷的后果在相同条件下进行精细分析，通过识别和定位相关功能、功能链和部件上的缺陷，推断出系统运行时缺陷对其他功能和能力的影响以及相关版本或交付的操作的成熟度。此外，每个部件的功能或接口成熟度可以从与之相关的不同缺陷来估计（通常会决定集成团队给予它的"置信度"），这可能需要重新考虑初始集成计划。

非回归测试也可以优化，鉴于它们的定义依赖两个版本之间演变的功能内容或缺陷的修正。基于模型可以相对容易地识别针对存疑部件的测试，当组件以新版本提供时，可以使用它们作为非回归边界来纠正所识别的缺陷。

当然，建模方法和工具可以自动化地辅助 IVV 里模型的操作和使用，一般通过工程研讨会。

12.2 验证模型需求

12.2.1 规则

需求的定义主要关注两个方面：一方面，从系统的角度对预期进行描述；另一方面，针对这些预期，提供"证据"证明提供的解决方案的正确性（将讨论验证"满足"需求）。

预期描述阐释了客户希望从解决方案供应商那里获得的东西，ARCADIA建议对其进行需求（模型需求）建模，但要注意该模型无法简单或有效地表达附加的非正式需求。

由供应商提供的证据证明应与先前对预期的描述相一致，它涉及模型部分和非正式需求，通过描述将在系统中验证、设计和实现，证明它们完全符合预期。

此种证明通常以几种可能的形式提供，并借助于各种具体的验证方法：检查、分析、演示、测试（IADT）。下面将叙述模型是如何支持IADT的。

12.2.2 检查

首先，模型自检可以是传统工程文件检查的延伸，验证在设计和IVV阶段是否充分考虑了所有需求（包括模型需求）。

（1）验证所有捕获到的非形式化需求是否恰当地追溯（引用）到模型，若并非如此，则需追溯到设计合理性、证据和测试活动。

（2）验证解决方案模型是否正确追溯了每个模型需求，并且传递到子系统的合同中（包括合同的模型需求和衍生需求）。

（3）验证每个模型需求是否与一个或多个验证测试（或验证方法）正确关联，同样，也要验证操作流程、方案是否能够正确关联。

（4）确保所有测试得到的是最终结果（关于这一部分，见第12章12.2.4节）。

当然，检查不能简单理解为验证先前的追溯关系，重要的是确保解决方案和测试中所考虑的因素在语义上与需求保持一致。模型与预期的一致性虽然无助于验证系统本身，但它也是必要的前提条件。

12.2.3　模型分析

除了通过需要和解决方案之间的链接验证它们的功能一致性之外，通过对模型的多视角检查和分析，也可以部分地验证需求（特别是非功能性需求）是否满足。此时要验证架构本身的设计是否满足所表达的需求模型中的功能性和非功能性约束，其方法已在第 10 章中详细介绍。

通过上述分析，可以得到关于系统解决方案中的合理性证明文件，如在货物或人员安全领域的故障树、最小割集和相关分析。

然而，此时模型并没有被"形式化证明"，这要通过应用数学技术手段来验证：一方面，这需要更复杂的形式化语言和更丰富的模型；另一方面，为了使该分析形成真正有意义的证据，在后续任何阶段，到系统生产为止的剩余流程（工具支持）将保证这些假设不受质疑（如软件代码的自动生成和认证、代码生成编译链以及运行代码的相关属性）。

换言之，通过视点分析可以验证系统设计，但不能验证系统本身产生的属性，这将是 IVV 演示和测试中的问题。

12.2.4　演示和测试

可以通过需要和解决方案模型来部分定义系统的演示或测试活动。

模型中描述的系统预期元素（如系统边界的场景和功能链）可以通过演示或测试来直接验证。实际上，能够表征系统使用的参数，如系统所需的能力、系统的输入/输出、系统的操作及其预期的响应/结果，都在系统运行场景的边界条件中进行了定义和说明（正如功能场景、功能链以及非功能性约束中定义了预期的功能一样），因此场景和功能链很好地传递了系统预期的使用条件。此外，构成 IVV 测试活动的典型测试程序具有相同的性质，并应当（至少部分地）通过详细描述并扩展模型的场景和功能链来构建，第 12 章 12.3 节详细地描述了其定义和使用条件。

场景和功能链还可以间接地确认系统完全适配其运行的其他模型：功能和

交互、状态和模式、外部接口以及确定为模型需求的分组元素。

例如，如果某功能包含在代表其不同用途[①]的功能链（或功能场景）中，并且其主要输入/输出交互也得到正确执行，那么当所有的场景和功能链都得到验证时，该功能即可视为已验证。

同样地，如果场景和功能链代表了功能接口及其交换的用途，那么当这些场景和功能链都得到验证时，该功能的接口和交换即可视为已验证。模式或状态的输入/输出转换条件应至少出现在一个场景。

严格来说，在用于验证和确认的场景和功能链的构建过程中，间接验证的规则假定进行如下详细分析：确保任何模型需求的每次使用都至少被一个场景或功能链所覆盖，并且所有的模型需求都完全表达了其用途。至此，将系统运行用模型表述，使其独立于系统内部设计之外间接验证，从而实现基于模型的测试。

在分析测试结果的过程中，间接验证方法也假设，只有当包含模型需求的所有场景及功能链都得到验证时，才认为该模型需求已被验证。

与非形式化需求类似，模型需求也可以在需要和解决方案视角中（从 OA 到 PA，主要是在 SA 阶段）进行定义，并通过支持测试的场景和功能链，将其映射到解决方案架构进行验证。完成上述活动后，相关的场景和功能链即可视为已被验证，从而能够通过追溯链接由解决方案追溯到需要（类似于系统和客户需求之间的传统方式），继而将此验证传播到需要模型。

12.3 IVV 中场景和功能链的定义和使用

在特定条件下，场景和功能链构成了定义 IVV 测试活动的自然和首选的支持，也确保了对其他模型需求的良好覆盖，如第 12 章 12.2.4 节所述。

此外，直接使用"系统需要分析"中描述的**需求场景**和**功能链**来完成验证活动和测试是不够的。因为大多情况下，接口、相关协议、操作员接口或者系统运行过程中的功能细节，仅在物理架构中定义（某些情况下仅在子系统

[①] 此处功能的用途是一般意义上的，例如，它可以通过链接到功能的文本需求的形式，表示实现对功能或功能的不同输入/输出交换所执行的服务或流程的预期。

和模型中定义）。这一点在使用运行流程和运行分析场景时更为显著，由于它们不涉及系统，只能用来指导验证活动却无法替代它。

对于每个在运行分析或系统需要分析中定义的场景、运行流程或功能链，必须将其"转换"为逻辑架构，然后是物理架构，这一过程通过在需要和解决方案之间建立功能追溯链接实现。首先，重建一个场景或功能链，它包含架构中的相应功能和设计所选功能行为的过程中添加的详细交换；其次，推断出结构性场景（不再是功能性），如承载功能的系统部件与外部参与者之间的交互；最后，通过系统内部部件之间的交换实现上述转换，从而可以在需要时验证所识别交换的有效性。这样就在逻辑或物理架构中获取了**需要的验证场景**，并根据先前的需要场景进行了追溯和验证。

[示例]　如图 6.7 所示，在需要场景之间进行此种"转换"。系统需要场景—列车正常发车—第 2 部分和逻辑架构中的相应场景如图 7.10 所示。第 6 章和第 7 章中显示的功能链也是如此。

接下来，通过"追踪"需要和解决方案之间的追溯链接［包括需要和需要验证场景（功能链）之间的追溯链接］来验证运行分析和系统需要分析的场景及其功能链，并在需要层级整合对场景、功能和解决方案的测试结果。

用于验证需要的场景和功能链基本上支持与其相关的**"系统确认和验证"**，但它们也依赖其他场景和功能链实现。此处详细阐述了设计决策和所选行为，以构建良好系统运行的设计验证，**"运行验证场景和功能链"** 会被添加到逻辑架构和物理架构中，构成正常解决方案定义的一部分，并将支持系统集成活动。

然而，常常需要定义**部分集成的场景**，因为其管理逻辑与说明全局使用和运行条件的验证和确认不同，其实质在于定义要集成的元素在不同集成阶段之间的依赖关系（如功能依赖性、对所需资源的依赖性、客户端和 IT 服务器之间的技术依赖性）。我们将定义逐步实施的"部分集成方案"，它将专注并受限于各个在集成过程中受到测试活动影响的系统部分。

此外，为了完成工程层级间的子系统规范和 IVV 优化，有必要定义各子系统的运行场景和功能链，包括定义子系统在运行条件下的预期行为（特别是需求中已定义场景内的预期行为）以及由系统传递给子系统的测试，以上两点将作为子系统能够集成到系统的前提。根据系统工程的预期，分配给子系统的场景将成为每个子系统验证的关键载体。

图 12.2 为在 IVV 活动中的场景类型及其用途，功能链显示出相同的差异和预期。

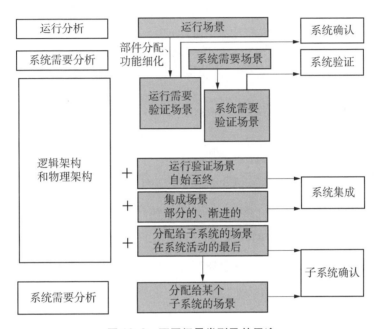

图 12.2　不同场景类型及其用途

最后，测试手段的规范依赖于部件或子系统接口的定义，也依赖于先前用来描述测试手段动态行为和使用的场景。

当然，演示或测试可能产生的额外非形式化需求应该与模型的使用同时验证。

还要注意，测试活动的构建依赖于其应验证的功能或在给定时间集成的部件。每个功能所涉及和使用集成部件的场景和功能链都可用于定义与此活动相关的测试用例。

因此，管理 IVV 的测试用例是根据先前的模型场景和功能链构建的，但并不是所有详细内容都在模型中描述，因为这将毫无意义且会使模型负担过重。相反，对于模型中描述的每个与 IVV 相关的场景或功能链，有必要在尊重其内容（功能、接口等）的前提下细化和完成它们，以构建更详细和完整的用例测试。这些测试用例将综合运行的备选方案，详细分析参数数值边际、超出限制值、未列出的用途、降级的运行条件等情况。对于单一模型场景或功能链，测试活动将包括几个通过可追溯性链接与之链接的测试用例。

总而言之，每个测试活动都应与它表现的功能以及验证的部件相链接，描述它的测试用例将与其在模型中使用的场景、功能链以及其他非形式化需求链接。

12.4　验证非形式化需求

验证非形式化需求的规则取决于其性质。

无法通过模型需求有效表达的非形式化需求（在客户或系统级别），需要采用先前描述的 IADT 方法以传统方式进行验证，这超出了本书的范围。

IADT 类型的方法应考虑详细说明模型需求（如描述功能或功能链预期的非功能性行为或特征的需求）的系统层级非形式化需求（非客户需求）。如果可以通过验证模型需求的测试来验证非形式化需求，则其遵循的验证规则与验证模型的规则相同；反之，需要通过追溯和理由链接对其进行单独的测试，并直接通过测试结果进行验证。

最后，间接验证了模型需求传递的非形式化客户需求：这种需求在与之链接的所有模型需求都得到验证时被视为已验证。

针对某些中间情况，应该通过需求与测试的直接链接以及间接通过模型对需求进行验证。

12.5　总结

ARCADIA 建议主要使用基于需要和解决方案的模型来指导和构建 IVV 策略及其实现。

在 OA 和 SA 中，传统的非形式化或文本需求被"翻译"为模型需求，通过构建模型，可以根据理由链接在解决方案（LA 和 PA）中追溯这些需求。

能力、场景和功能链共同构建了集成、交付版本以及测试活动，并确保了对模型需求的验证。

针对不适合通过模型表达的情况，非形式化需求仍然会保留。

13　工程层级之间的衔接

13.1　协同工程方法的规则

"分而治之"是系统工程中用来管理复杂度的主要手段之一：将系统分为若干子集或子系统，然后独立设计和开发，再通过系统工程[①]进行集成。这需要精确定义每个子系统的角色和它们之间的接口，并从功能性及非功能性角度验证每个子系统的贡献总和完全满足为系统确定的整体目标。

上述定义系统架构的方法满足了这一要求，其好处是通过将问题和解决方案设计限制在该工程层级所需的详细程度和关注范围，这降低了问题和解决方案设计的复杂度，即已足够针对该层级做出恰当而不必深入的决策。一旦确认了第一层级设计，工程系统就可以"移交"给每个子系统的工程设计，与系统层级相比，该层级将完成更精细且范围更小的子系统设计任务，从而限制每层工程设计的复杂度，并合理地分解职责，即每层工程设计负责完成自己的部分，并完成相应的验证和确认活动。

经验表明，如果仅通过系统工程定义架构和子系统之间的角色分配，那么设计结果往往不是最优的，因为两个层级的工程设计没有互相理解，也没有协调影响其需要和设计决策的不同约束。

因此，ARCADIA 倡导联合定义（至少对系统的物理架构），即在系统级工程团队和子系统或部件级工程团队（或机械、热、软件、电子等工程团队）

---

① 该方法可以在系统或工程分解结构中的任一层级递归使用（如在子系统及其相关的子系统设计过程之间）；为方便起见，在本章的其余部分，使用"系统级"代表更高层级的协作，使用"子系统级"代表部件层级。

之间开展"协同设计"。该层级的定义职责仍在系统级工程团队，但各方会提出各自的约束和愿景，共同寻找所有部分都可接受的最佳方案。

（1）系统级工程团队定义运行规则和解决方案架构，确保系统整体、运行和全局质量的可行性，对需要做出充分响应，对子系统之间相互冲突的约束或建议进行仲裁。

（2）在系统解决方案设计中，每个子系统工程团队表达和验证其约束，并从子系统的角度提出最佳解决方案，这样有助于子系统设计吸收系统的需求、约束、选择及其合理性，并使其能够更易遵循系统设计。

（3）对系统工程团队而言，可以更好地理解子系统的约束及可选方法，如所用的技术、复用的机会及其条件。系统级设计可以在有全面认知的前提下，更好地定义各子系统之间的接口及其各自的作用，从而明显减少后续迭代和可行性研究的次数和持续时间。

（4）联合设计方法降低了各责任方对停止准则的遵守难度，还限制了系统工程团队过度指定子系统的风险：在该协同设计方法中，子系统工程团队的作用之一，是确保系统级工程团队定义的合同仅限定在子系统需要规范层级，而不是子系统设计的开始。实际上，这种设计可能不是最优的，它已经超越了系统级工程团队的能力和职责范围，同时还会限制子系统的设计空间。

如果在后续的研制阶段，子系统设计中出现了困难或者不可能完成的情况，使先前定义的系统架构受到质疑，那么所涉及的子系统工程应该重新定义将其子系统集成到系统的条件。

然而，这需要对系统级工程的系统架构进行全面质疑并重新评估，对子系统预期的修改将会产生一系列后果，可能会修改其他子系统、影响系统的 IVV 策略和运行或重新评估架构的全局属性（如运行安全性）。在这种情况下，应该重新遵循先前的协同设计过程进行设计，并重点关注所遇到的困难及其后果。

13.2 各工程层级的职责和限制

在给定层级上，工程过程应何时停止？应该在多细程度上定义系统分解，应何时"移交"给子系统工程团队？主要的标准是架构和技术，但也应涉及角色和职责的分配。

给定工程层级的架构设计师负责在适当的分解层级上对系统架构进行详细定义，该工程层级还负责集成本层级的部件，并对它们形成的整个集合进行验证和确认。为了能够准确和持久地定义 IVV 策略、相关测试方法和测试活动，该架构定义应该是相当稳定的，不得在后续阶段受到实质性的质疑（特别是在子系统设计阶段）。承担这些职责的能力（或者欠缺的能力）决定了系统的工程分解应该达到什么层级。

（1）如果给定系统层级的工程团队将部件间架构定义（并因此施加给子系统工程团队）到一定的详细程度，那么系统工程团队应该自始至终承担部件的定义和集成：保证功能到部件的明确分配（同时考虑性能、运行安全性、安保、重量、功耗、可行性等约束）；将接口整合到最详细层级以进行生产或采购；指定部件交互中预期的详细动态行为等，确保后续不会对其提出质疑。系统工程团队还应确保已定义部件和它们之间的集成，并验证它们的全局行为。

（2）如果系统工程团队不具备完成这一任务的能力或方法，那么它必须将其委托给子系统工程团队，而不是施加一个后续可能被质疑的分解（无用约束的来源）。**因此，系统级工程应止于其可以完全指定并最终集成的部件这一颗粒度上，子系统工程团队将决定每个部件的细化，并确保其全局 IVV。**

应该注意的是，"委托"并不意味着不再有任何监督、掌握或控制的权力，系统级工程团队可以对子系统施加可分离性（出于模块化、重用、运行安全性等目的）、可观察性或可互换性等约束，并且可以根据系统级的架构约束等来验证其设计和内部分解结构。根据保密性、知识产权或工业产权约束，它还可以自由地访问子系统的详细模型，并对其中若干模型进行全局分析。

此时，应定义不同工程层级之间如何衔接，它依赖于两个层级之间的"合同"性质，首先考虑技术合同（以非形式需求或模型需求的形式）和行业标准，这取决于客户和供应商之间的关系和角色分配。

13.3　仅通过非形式化需求的衔接

这种方法只适用于不使用 ARCADIA 方法论的子系统设计或生产工程，或者设计或架构只有少量甚至没有建模的情况。

在这种情况下，通常由非形式化需求来定义子系统工程应遵守的技术"合同"，并通过有益补充将其丰富（如预先研究的结果、仿真、模型和样机、接口定义文件等）。

应该对系统级工程中识别的每条客户或系统需求进行分析，以确定它涉及的子系统，并确定如何对每个子系统进行细化、规定或者限制。例如，系统对事件响应时间的需求，应该转化为与所涉及子系统数量一样的需求，并提及每个子系统预期的最大响应时间。

如前文所述，链接到系统模型的需求，可以遵循需求的追溯链接：SA 元素-LA 元素-PA 元素，从系统需要分析（SA）传递给逻辑分析（LA）和物理分析（PA）（如解决方案功能，用于响应传递初始文本需求的需要功能，对于功能链、场景等也是如此）。

系统需求经历了分配到子系统和上述细化过程之后，就可以通过模型和追溯链接来确定某条需求所涉及的子系统。例如，在 SA 中功能链上的需求应该分配给实现功能（这些功能遍历 PA 中的功能链）的部件，并与此需要层级的功能链进行追溯。如果它为传播的数据指定了关键等级或保密级别，即可直接分配给子系统；如果它规定了系统响应时间，则应针对具体的子系统在其之间分配。

有些需求从最开始就只涉及一个子系统，如果它们对系统工程层级的定义没有明显影响（如对一个或多个横向系统功能的贡献、在若干子系统之间分配的需要、对输入数据的非预期需要等），或可以完全在子系统的 IVV 层级上被验证，即可只在子系统工程层级中考虑它们。

在基于模型的方法中，承载"模型需求"的模型包含大部分子系统预期。如果子系统工程合同不包括模型，那么系统级模型需求也应该被"翻译"为非形式化需求（通常是文本形式，有时用描述接口的解释型表格来说明），这是一项不可忽视的工作，并且存在出错、不一致或不完整的风险。

通过遵循模型的追溯链接和完善需求（描述对子系统的预期），对子系统和部件的功能分配，可以指导非形式化需求到子系统和部件的分配。

13.4 基于模型的衔接

第 11 章中描述了仅通过需求进行衔接的局限性，特别是不同工程层级之间定义的连续性和一致性。将模型转化为子系统的非形式化需求是低效、错误（考虑到工作中的人为因素）和工程师之间误解的根源。

模型既是对子系统需要的主要表达，也是对它传递的支持，所以是一个非常重要的改进方向。基于模型，不仅减少了歧义、偏差、理解错误和传递失败，同时还减少了工程过程和重写需求的工作量。这就是为什么 ARCADIA 提倡依靠在协同设计时定义的系统模型来自动生成子系统（模型形式）合同。

因此，ARCADIA 建议将不同工程层级、责任方和颗粒度的模型分开，并在每一层级建立一个单独的模型，它们之间通过追溯和理由链接来形式化地衔接。

然而，根据工程环境不同，可能有很多种策略。

13.4.1 单个部件传递

在相关模型（应在协同工程过程中完成）中定义的系统 PA 以行为部件（可能驻留在某个主机部件）的形式定义了每个子系统的边界、内容及其需要满足的非功能属性。因此，该定义构成了每个子系统的大部分系统工程需要表达（见第 9 章）。

为了达到最高效率，当条件允许时，每个子系统的工程过程应该通过建模使用相同的方法，以从相同的优势中获益。因此，ARCADIA 被递归地应用在不同的工程层级和所识别的每个构成部件的架构定义中。

因此，可以（自动地）从系统 PA 模型中提取每个子系统（SA）的需要模型，该需要模型将初始化子系统工程的模型，并形成该子系统的大部分输入合同。这种操作通常称为"（垂直）模型转换"。

该子系统的需要模型通过以下方式形成。

（1）"系统"边界是子系统本身的边界。

（2）分配给它的功能是 PA 系统中子系统的功能。

（3）其他系统部件（与该子系统处于同一级别并与之通信）被转换为该子系统的外部参与者。与子系统交互的系统参与者也是如此。

（4）分配给它们的功能①是根据它们在系统 PA 中的贡献而产生的，可能仅限于与子系统直接交互的功能。

（5）系统 PA 中与子系统相关的交换和物理链接、场景、功能链、状态和模式、数据和接口等也传递给子系统 SA，可能仅限于与子系统直接相邻的区域。

（6）系统 PA 中由这些模型元素表示的所有非功能属性也包括在子系统 SA 模型中（如分配给子系统功能链上的延迟）。

（7）可以直接将系统运行分析（OA）传递给子系统，或者删除它，或者按需将其变得更精确、详细和完整（手动完成）。

（8）产品线管理的可变性约束，也与它们描述的模型元素以及相关可变性树（特征模型）的潜在部分一起传递。

（9）对子系统集成、验证和确认的预期也被传递：相关模型元素、专用场景或功能链的预期版本和特征等。

（10）保持两个模型之间的追溯链接，以支持进一步的影响分析和这些模型之间的多级导航。

[示例]　系统操作员接口部件及其环境在交通管制系统的物理架构中描述，如图 13.1 和图 13.2 所示，提取自交通管制系统模型中的物理架构。

---

① 这种比子系统边界更广的功能视图是必要的，首先要指定接口与其环境的动态行为（如通信协议）；另外，它还可以表达集成、验证和确认条件，如场景和测试程序、子系统边界处的测试方法的功能规范（包括子系统边界两侧的功能）。

基于ARCADIA建模方法的系统架构工程

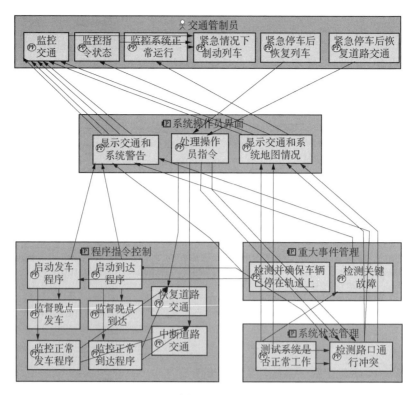

图 13.1　系统操作员接口与功能交换

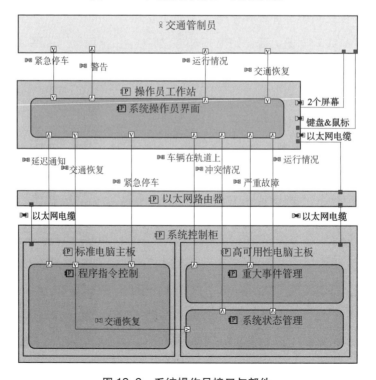

图 13.2　系统操作员接口与部件

158

　　如果系统工程团队将此部件看作分包给特定工程团队的子系统，那么针对系统操作员接口（system operators interface）子系统创建需要模型的转换将在子系统模型的 SA（而不是系统的 SA）中给出如下结果（见图 13.3）。

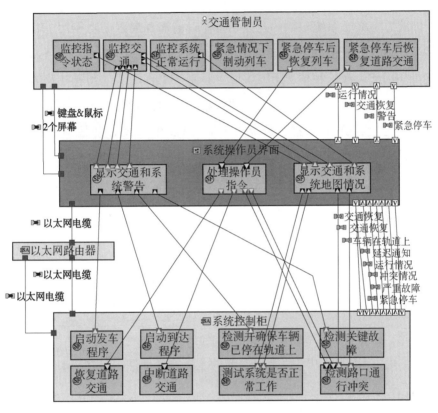

图 13.3　系统操作员接口子系统的需要分析

　　因此，在大多数衔接的情形中，系统工程团队通过叶部件（即未分解为子部件的部件）的形式表示它所分包的子系统，并在其 PA 中进行定义（包括一个行为部件及其驻留的主机部件）。如前所述，系统 PA 中的每个叶部件描述都会为所涉及的子系统提供一个模型。

13.4.2　多部件传递

　　在某些情况下，子系统分包（或采购）边界会超过单个叶部件的边界。

例如，对于以软件为主的系统，分布在若干执行节点或服务器上的软件将由多个行为部件组成，并在系统 PA 中互相通信，但实际上它将被整体分包。类似地，相关联的计算基础设备将由一组网络互连的主机物理部件构成以供软件实现，也可能会被这样分包，即作为一组用于管理和安全的主机部件和行为服务部件。

因此，定义子系统预期的合同不再像以前那样局限于功能性、非功能性和接口描述，而是扩展到应该实现这些功能的部件定义，包含它们的接口、连接等。因此，在这种情况下，实际上是系统工程团队（与所涉及的子系统工程团队协同设计）精确地和一次性地定义了所有部件及其外部接口。在逻辑上，这些部件应该在子系统的 LA 和 PA 中出现，并且不应质疑系统工程团队对它们的定义（它们在子系统模型中被认为是"只读的"，即不能由子系统工程团队修改，除非得到系统工程团队的明确同意，并受其控制）。

这种衔接方法通过添加关于结构性约束和部件的合同，初始化了一个更详细、范围更广的子系统模型，包括如下内容。

（1）上述子系统需要（特别包括分配给子系统的所有系统 PA 功能）。

（2）通过系统 PA 中为子系统定义的行为部件、与之相关的交换和接口、数据模型、状态和模式等初始化子系统逻辑架构。

（3）通过系统 PA 中为子系统定义的主机物理部件、与之相关的物理链接等初始化子系统物理架构。

（4）在系统 PA 中为子系统定义的行为部件、与之相关的交换和接口、数据模型、状态和模式仍保留在子系统 PA 中。不过合同的这一条款是可选的，如果该行为部件保留了接口和功能分配，那么系统工程团队可以授权子系统工程团队对其定义的部件进行分解。

（5）子系统 SA 中的每个功能与子系统 LA 和 PA 中驻留该功能的部件之间的分配合同链接。

（6）子系统 LA 中每个软件部件与子系统 PA 中驻留它的主机部件的驻留合同链接（前提是系统工程团队授权部件分解）。

通过上述方式在子系统架构中创建的"只读"部件，将系统工程为其选择的结构施加给子系统，并可以使用合同链接在子系统模型中验证该部件的分配和驻留。事实上，每个 SA 功能都可以通过追溯链接，链接到一个或者多个 LA 和 PA 功能，沿着该链接找到这些功能所分配的部件后，就可以验证这些链接是否真的与 SA 功能和部件之间的直接合同链接相一致。

[示例]　图 8.15 给出了交通管制系统的升降式路障在 PA 中的描述。根据此描述，多部件传递将初始化升降式路障子系统级模型的 SA、LA 和 PA，如图 13.4、图 13.5 和图 13.6 所示（此处未显示分配合同链接）。

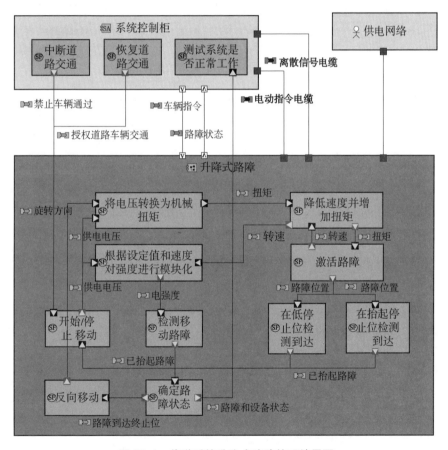

图 13.4　传递后的升降式路障的系统需要

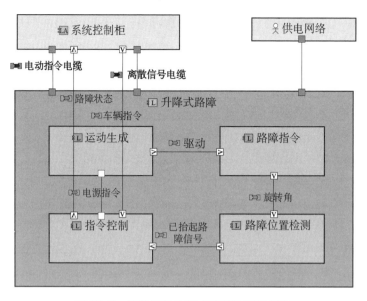

图 13.5　传递后的升降式路障的逻辑架构

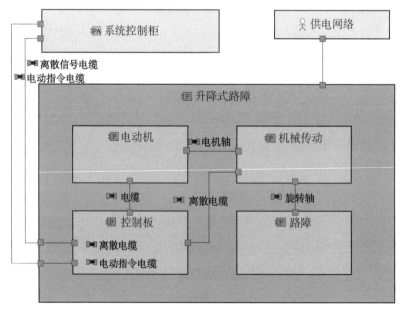

图 13.6　传递后的升降式路障的物理架构

13.4.3　基于可重用部件的构建

前文描述的纯"自上而下"方法并不是唯一的方法：通常通过组装

"货架"已有部件形成全部或部分系统（见第 15 章）。在这种情况下，前文所述流程需要反向操作：每个子系统工程构建一个要重用部件的简化模型，这些部件将集成到系统的 PA 中（因此这个简化模型本身就在系统 PA 层级）。

该模型是部件或子系统工程模型的"综合"版本，其详细程度与系统工程团队的关注项一致，不需要达到设计部件时所需的详细和精准描述。如果系统工程组装的部件模型与其设计时一样，将导致系统模型过于复杂和庞大，无法在此工程层级上使用。

根据具体情况，如果组装规则复杂且组装数量有限，则最好为每个部件提供一个基本模型（由系统工程团队负责组装这些部件），或者提供一个预组装部件的全局模型。

应保持两个模型之间的追溯链接，以验证两个模型之间始终保持一致性。

13.4.4　向设计和开发工程的传递

每一个设计、开发和生产工程都有其规范、流程、形式和工具，这些都需要做出一种适应性的、大部分时间都是非一般化的应对，因此仅引用一些使用 ARCADIA 工程模型可做到的衔接示例。然而，需注意的是，大多数情况下，一个单一的模型很可能同时为几个开发或生产工程团队提供服务，因为不同的部分共存于系统中并相互影响。

一般而言，应该在组织管理和生产系统重用产品分解结构：它初始化一部分命名和产品构型项。例如，模型的这一部分通过可追溯性和导航链接关联到产品参考数据库［产品生命周期管理（product lifecycle management，PLM）］，而产品 PA（以及模型的其他部分）也可以在技术问题报告数据库、保障支持反馈、变更请求等中引用。

［**示例**］　当系统包含电气或电子子集时，例如，PA 描述了真实物理部件之间的连接；专用于布线的视点可以用来定义电缆、连接器及其引出线、信号路由和电线、线束分组、定义主板或者背板等信息来丰富模型。通过它可以自动初始化专业工具以及生产或者装配文件。因此，正是模型转换实现了工程团队之间的链接。

然而，在机械结构的情况下（包括上面描述的电子部件、电路板、机箱等的支撑结构件），链接更加松散，因为工程模型和数字三维模型的表示之间存在明显的断层，如三维模型增加了连接部件。最常见的情况是，衔接仅局限于导航和追溯链接，如在系统模型部件或交换项与三维模型中的部件或部件集合之间。但有时以下做法也有用：当结构工程模型很复杂时，可以通过初始分解成部件来自动初始化三维模型，或者自动创建表示PA中的连接件或者装配件的三维部件，这一次使用的是模型间的初始转换。当然，不能从工程模型中提取几何或者其他信息，因此只提供数字三维模型的节点及其高层级的链接。

软件子集的情况有些特殊，一方面，ARCADIA可以用来定义和证明它的架构（用专用于软件领域或课程的视点）；另一方面，ARCADIA语言可以描述能够直接集成在软件设计模型中的设计元素，或者在某些情况下描述代码本身。

在这里，假设软件架构使用ARCADIA进行设计，那么，至少软件接口的定义和相关数据模型通常以适当的目标语言自动生成可直接使用的软件代码。

[示例]　当软件开发依赖于基于部件的方式，通常可以更进一步并自动生成——每个部件（其"容器"）的定义及其接口、提供和需要的服务，特别是如下情况。

a. 软件（行为）部件之间组装的描述（通过行为交换）。

b. 通过主机部件在运行计算节点上的部署软件部件的描述。

在这种情况下，只有设计者才能编写每个部件的应用行为的详细设计。

更进一步，如果选择的软件技术允许，在ARCADIA模型中分配给部件的场景、状态和模式机、非功能性属性等，也可以被重用来生成对应的软件部件。

最后，根据具体情况，来自ARCADIA软件架构模型的这些转换，可以对标目标机编程语言实现标准化代码，也可以对标应用程序代码生成器或软件设计模型（如UML），然后生成所需的代码。

13.5　与客户的衔接

使用工程模型作为规范客户需要的主要手段还远远没有成为行业规则，这存在包括合同和法律层面在内的大量问题，显然超出了本书的范围。然而，不同的（非详尽的）场景已经可以在技术条件中考虑使用。

区分最终客户（待提供解决方案的制定者和接受者）与主要系统供应商。主要系统供应商是项目的所有者或整体集成者，将部分工作委托给考虑的子系统工程团队或分包商。

13.5.1　最终用户和主要系统供应商之间的衔接

最终用户最常用模型方法来支持构建和分析其总体需要的活动[①]。

客户（可能与主要供应商一起）寻找规则上满足这一需要的解决方案，然后选择最好的全局折中方案，在此之后进行该分析。但是，保留解决方案的定义仍然非常笼统（解决方案的"方向"），不足以形成要设计和开发的系统或者解决方案的完整规范。规范仍处于尚未最终确定的初步定义层级〔用户需求（UR）或者技术需要规范（technical need specifications，TNS）〕。

当客户模型开始形式化这些元素时，这些模型构成了供应商系统工程的一部分输入。如此进行的描述和基本概念主要由架构框架语言（如 NAF）支持，虽然它们的范围比 ARCADIA 所包含的要大得多，但是这些描述包含与 ARCADIA 的 OA 和 SA 视角相似的概念和规则，只是相关的分析还不够深入，不能为待设计的系统建立输入需求，它们应该由系统工程来细化、整合并最终确定。

根据这些输入，工程团队分析和定义分配给它的详细需要（在 OA 和 SA 中），以产生系统需求或系统规范。

因此，我们有两个模型，由用户开发并提供的方向模型以及由供应商形成

---

① 这种用户需要远远超出关注系统的范围，它还要考虑所需能力及其随着时间推移的获取和部署条件、组织方面、理论以及运行规则和流程、资源以及能力和培训、后勤保障和相关手段等；它们涵盖了所需功能的整个部署和生命周期，不过这些元素超出了本书的范围。

的响应建议的工程模型，这些模型在不同的颗粒度、细节程度和最终确定度上进行描述。应该在两个模型和非形式化需求之间创建和维护可追溯性和合理性关系，双方概念的接近性显然是促进可追溯性的因素之一。

13.5.2　主要系统供应商和子系统供应商之间的传递

如果客户本身是子系统工程支持的解决方案的主要供应商，他们必须创建自己的系统工程，该方法应更接近第 13 章 13.4 节所述方法。

如果客户与子系统供应商进行真正的协同设计，联合定义的子系统规范可能会足够详细以直接形成子系统需求。此时，联合开发的客户模型与子系统的 SA 处于相同层级。

如果客户也使用 ARCADIA（最简单和最安全的情况），那么此时可以使用先前描述的单部件或者多部件的传递，否则，有必要尝试使客户的建模语言和 ARCADIA 的更接近，以便能够应用可靠的模型转换直接初始化 ARCADIA 子系统模型。在大多数概念（特别是框架架构）相近的情况下，这是可能的，但仍需根据具体案例开展工作，此时不仅要在两种语言的概念之间寻找语义对应，还要在构建和使用模型本身的过程中遵循对应的规则。

实际上，两个合作伙伴不一定共享相同的建模目标、细节程度或者工程约束等。因此，工程和建模方法、所使用的概念语义，以及模型、概念、规则和建模实践的使用及相关的工具之间的差异会非常大。

如果无法以该方式使方法和概念更接近，那么最好不要约束建模的任何一方并尝试用某种方法来简化传递，这将偏离每个合作伙伴的工具化方法。因此，需要确保的最低要求是保持两个合作伙伴的模型之间和需求之间的可追溯性，以及版本和构型上的一致性管理，也可以至少通过形式化的方式传递子系统接口的定义。

然而，如果无法做到真正的协同设计，客户需要很可能处于定义用户需求的初级层级，并且需要额外的细化来构建恰当的子系统需求。如第 13 章 13.5.1 节所述，供应商的系统工程必须分析上述需要，并从中推导出详细的需要（在 OA 和 SA 中），进而生成系统需求。

这两个模型，一个为客户在全局系统层面建立，另一个为供应商建立的响应建议。因此，只通过追溯和理由链接来链接，如同非形式化需求。

13.6 总结

系统工程团队和子系统工程团队之间的衔接始于他们之间的协作（协同工程），以开发系统 PA。

该协同工程可以建立各方的限制和职责，并由此推断出各方设计自己模型的适合颗粒度。

工程模型的使用，通过依赖于角色、组织和业务流程的场景，可以使利益攸关方之间的技术合同形式化，并使它们之间的转换自动化。

14　系统监督：状态和模式

14.1　监督概述

本书中的系统监督概念主要包括以下几方面。

（1）系统及其部件的模式和状态的管理。

（2）监视系统正确运行并检测潜在故障。

（3）运行中可能执行的动态重构，尤其针对故障恢复。

（4）系统及其部件的启动和关闭。

系统监督的总体设计是一个十分宽泛和复杂但又常常被低估的学科，此处只考虑它借助模型驱动与系统架构定义的关系以及它依赖的设计方法。不过接下来要讨论的方法已经足以说明充分开展的专业工程的复杂性。

14.2　规则和概念

需要注意的是，除非明确指明，此处引入的术语也可以应用在运行实体、参与者、待设计系统及其部件中。后续讨论的方法将基于系统视角展开。

在系统预期行为（或先前提到的元素之一）由设计主导时，它的定义以系统模式①的形式被捕获，每种模式的主要特征是系统在该模式下的预期功能（作为标识，使用"生命周期模式"来表达生命周期中不同的预期、优先级和活动，"传输模式"来表达传输的方式）。一种模式可以传递多种概念，如任务或流程

---

① 状态和模式的详细定义及建模见第18章。应该注意，在文献中和工业界，状态和模式系统的定义是多样化的，很多时候甚至互相矛盾，参考［OLV14, WAS 11］。

阶段、对系统所需的特殊行为、测试或维护模式的使用条件、训练模式等。

[示例]　交通管制系统一般来说应包含它管理的主要模式——列车发车、列车到达以及道路交通。

另一领域的示例：如考虑航空电子系统，应有的主要模式包括飞机停机、滑行、起飞、爬升、巡航、下降、进近和着陆。

模式之间的转换，通常对应某种明确决策，如响应新的需要或情况时系统使用的改变，因此该转换取决于系统、用户或者外部参与者所作的决策，并通过执行某种功能交换项或者激活某种特定功能来实现。此外，只有部分模式之间的转换才是有意义的。

[示例]　滑行和起飞之间的直接转换是可行的，滑行和巡航之间是不可行的。

出于上述原因，模式的形式化使用定向转换的概念，用来链接两种模式以表示它们的转换是可行的。转换还通过初始模式到后续模式（如执行某个功能交换）的转换条件表述①，一组模式以及控制它们的转换称之为"模式机"（见注释①）。

[示例]　在"列车到达"模式中，当列车通过列车检测器时，将触发列车通过的转换（列车参与者到通过检测功能之间的功能交换）（见图 14.1）。

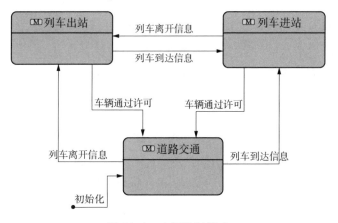

图 14.1　交通控制模式

---

① 此形式化过程所用的形式化机制称为有限状态机，后续我们会尽量避免使用该词汇，以免与 ARCADIA 方法论内的状态混淆，因为 ARCADIA 方法论中的模式及状态都使用这种形式化机制。

飞机滑行和起飞之间的转换，将在收到控制塔台的起飞许可时触发，显然在模型中这将通过来自外部参与者控制塔台的功能交换实现；相反，大多数从巡航到下降阶段的情况来自自动驾驶指令，所以其触发来自系统内部的一次功能交换。

在系统的生命周期和使用过程中，内部也经历了一些状态（提示"你竟在这个状态中！"，同时通过"告警或紧急状态"来表示意外情况）。在大多数情况下，状态用来描述结构化元素（某个部件的存在或缺失、可用性或故障、完整性或缺失性、外部参与者的可用性或失去与它的连接等）。

[示例]　平交路口存在铁轨被道路车辆所占用的状态，或未被占用的状态（通过控制系统自身的状态来表示）。上述情况是可以预见的，尽管它不是系统自发的，但系统也必须经历该情况并做出反应。

[示例]　一架飞机的油箱油量可能处于不同状态，它在飞行过程的变化与系统自身的行为变化无关（这并不是说系统对这些状态没有影响，如飞行计划的选择可以影响燃油消耗，但系统并不直接控制这些状态）。

状态之间的转换常常是非自发的，这会造成一个或多个系统元素属性的变化（如可用性、不可用性）。

[示例]　系统可能从良好性能状态转换到某个（或多个）故障状态，每个状态都由它涉及的系统元素的完整性或者故障属性描述。

所识别状态的形式化与模式的形式化方式是一样的。状态的转换通过初始状态到后续状态的变化（如某个可用性属性的变化）来描述。一般而言，与模式不同，状态的变化并不是通过功能元件触发的，一组状态和控制状态的转换在"状态机"中描述（见上页注释①）。

[示例]　系统部件故障（电气或IT故障、电缆或软管损坏等）只会通过模型中与该部件关联的属性变化来表示。

状态机并不包含模式，模式机也不包含状态。虽然状态和模式可能同时存在，但是它们通常是分开定义和建模的。

为了描述系统处于特定模式或状态，下面定义构型的概念：构型识别了一组包含所有类型（如功能、部件或者交换项等）的模型元素，这些元素在给定时刻被其涉及的构型所使用。构型可以关联到一个或者多个模式和（或）

状态。

　　用于描述模式预期的构型倾向于（尽管不是唯一的）以功能为主（能力、功能、交换项、功能链以及场景等）来表达预期的功能内容，或者如果更容易表达，还可以表达不包含在该模式中的功能内容。

　　［示例］　与列车发车模式相关的构型，它将涉及道路交通控制与检测、列车发车功能、操作发车程序功能、对列车和道路交通信号灯和设备的控制功能。但是，它不涉及任何与管理列车到达相关的功能。

　　用于描述状态的构型可能是结构性的（主机物理部件、物理链接、驻留在主机物理部件上的行为部件等），但也可能包含功能性方面，这取决于所关注状态的性质（如基于安全性视点的攻击或故障场景）。

　　［示例］　关联至系统故障状态的构型，将表示系统分解出的不可用的部件。

　　跨大西洋飞行中，在海洋上空甚高频或者超高频数据链的丧失（因其覆盖范围有限），将会使通信从良好接收状态到丧失状态，附加的构型将会使与该数据链相关的物理链接不可用。这可能会导致通信模式的改变，此时使用新模式（如卫星通信）替换甚高频/超高频通信。

　　两种情况下，每个建模元素对构型的贡献，将通过与构型中元素关联的属性来表征。

　　［示例］　某个部件可以判别为良好运行、部分失效、故障状态，某个功能可以判别为正常或者有限性能状态等。

　　对于特定模式或状态，有时需要定义若干个构型并明确定义它们的共存规则：例如，我们可以选择定义列出模式或状态中包含的元素的构型，以及列出要排除的元素的其他构型。默认情况下，我们将认为所产生的表征模式或状态的全局构型是所有提及类型（包含或排除）的构型的并集。

　　进一步，单个构型可以应用于多个模式或状态。

　　对于单个元件，不同类型的模式及状态可以在特定的时间点共存的。

　　［示例］　因此，交通管制系统可以同时处于下列情况。

　　（1）运行模式（在列车和道路车辆流通情况下），或替换为不与信号和控制设备连接的训练模式（每种模式之间互斥）。

（2）与交通控制系统配对的模式，或者当这种模式不可用时替换为自主模式。

（3）列车发车、列车到达、道路交通或紧急制动模式。

它还可以同时处于下列情况。

（1）完整构型状态，或由于维护导致的部分构型状态（如穿越阻拦装置）。

（2）其中某些部件可能故障的状态。

因此，模型可以引入单一元素、多个模式机以及多个状态机，它们互相协同，并行活动。

因此，必须同时定义这些状态和模式的组合以研究其结果，使用叠加情况来表示。单个情况被定义为模式和状态的逻辑组合［如（模式1 AND 模式2）OR（模式2 AND〈状态2 OR 状态3〉）］，从而表达在既定时刻同时发生的模式和状态的叠加。

［示例］　　（运行模式）AND（自动模式 OR 匹配模式）AND（列车发车 OR 列车到达）OR 完整构型状态 OR 良好工作顺序状态

一个场景可以提及叠加情况之间的转换，形式上和在场景中提到模式和状态随时间的变化一样。

状态和模式工程将依赖不同的概念及其链接，针对它们验证系统的预期在所有情况下都得到真正的满足。若不满足，则应修改架构，以最小化行为上的偏差。

最后，监督工程过程将定义其所需的功能集合、每个部件的贡献、相关的交换和接口，以及与每次状态和模式变化相关联的动态行为。

后续章节将详述该方法，提出的不同概念是前文描述的 ARCADIA 模型的重要组成部分，并与模型内其他元素相链接。所以，后续的形式化方法是对建模过程的必要补充，并且所指出的分析（无论是由工具辅助或者手动）完全依赖于模型。

172

14.3　ARCADIA 视角的状态和模式之间的衔接

如第 4 章 4.2 节所示，状态和模式的定义形成并支持 ARCADIA 功能分析的多种视图之一，所以在每个视角和工程层级，都将存在状态机和模式机。然而，在特定工程层级的不同视角及工程层级之间，必须有正确的机制来保证整体的一致性。本节介绍每种视图的状态机和模式机的本质以及它们之间的衔接。

14.3.1　运行分析中的状态和模式

在运行分析中，状态和模式通常描述组织面临的一般情况（一般更多是状态，如常规条件、危机状态和资源短缺的情况等），或者任务阶段，或者该组织的正常运转（一般更多是模式，如某架飞机或太空发射器的飞行阶段）。

它们对每个分析的运行实体都是通用的，运行流程根据状态和模式的不同而不同，场景也提及了所涉及的模式或状态的情况。

14.3.2　系统需要分析中的状态和模式

此阶段定义的主要状态和模式用来描述客户预期的系统，通常被最终用户识别并使用。它们捕获了系统在不同情况下（包括危险情况）所需的不同模式和条件，以及在面对这些情况时所需的最小行为。

如果系统需要分析中定义的状态和模式涉及系统，则它们应与运行分析中定义的系统状态和模式保持一致。因此，每条系统模式或状态应与其所对应的运行分析中的模式和状态建立追溯链接，不过每一条运行分析中的模式或状态没有必要都在系统分析中有对应的条目。

然而，如果某个系统模式贡献了一个或多个运行模式，则必须检查相关的构型是完全兼容的。换言之，系统模式之间的追溯链接必须与相关构型下系统功能和运行分析中的对应活动之间的追溯链接完全一致。

每个参与者同样可以带有状态和模式，一般在运行分析中指定。

参与者的状态和模式可以对预期系统的运转产生影响。

[**示例**]　以交通管制系统为例，作为外部参与者的站台信息系统可处于可用状态或者正在进行维护的状态。后者将导致其与系统的链接丢失，致使系统状态发生变化（因为不可能建立通信）并切换到自动模式，提供更有限的

服务。

此时，我们也需要进行一致性验证。特别是对叠加的情况，包含与系统相关并可能影响它的参与者状态和模式将会十分有用。在所定义的不同叠加情况下，功能性验证应对系统和参与者之间与所需能力相关的场景和功能链的连续性和可用性进行验证。

14.3.3　逻辑架构中的状态和模式

应考虑并采用与系统需要分析相同的方法：考虑到参与者的状态和模式，逻辑架构中的状态和模式要与系统需要分析中的状态和模式（以及相关构型）保持一致并建立追溯关系。

然而，此时的系统状态和模式响应的是设计决策或者约束，如果是响应解决方案决策的新模式和状态，则不能链接到需要分析中的状态和模式。

此外，在逻辑架构中，应保证系统模式和状态向部件对应部分的传递，第14章14.5.2节中定义了一般化的方法。

14.3.4　物理架构中的状态和模式

在此使用与逻辑架构的相同方法，以及状态和模式的一致性和追溯关系。

以下要求对系统、每个逻辑架构部件和与其关联的物理架构部件都适用：模式和状态以及他们关联的构型内容，应该与追溯链接保持一致（在功能之间、部件之间、交换触发的转换之间等）。

此外，主机物理部件为实现或执行行为部件提供了相关资源，这常会增加一个新的维度，并与这些部件可能的故障条件相链接。此时，模式和状态之间的衔接将至关重要，如下文的一般方法所述。

14.3.5　不同工程层级之间的状态和模式

与第13章所述不同工程层级衔接的一般规则一致，每个子系统预期的定义是在系统物理架构协同工程阶段建立的。每个子系统或者部件的状态和模式的定义也是上述定义的一部分，将在第14章14.5.2节进行描述。

因此，在系统物理架构定义和分配给子系统的状态和模式，将是定义子系统需要分析时的状态和模式。

14.4 状态和模式的定义方法及系统监督

此处的状态和模式的设计方法是通用的，可用于不同的工程层级以及不同的 ARCADIA 视角（OA、SA、LA、PA），但涉及部件的方面只适用于部件相关的视角（LA、PA）。

此方法可以概括为以下步骤。

（1）定义预期行为。

（2）分析状态和模式的叠加。

（3）调整架构以适配叠加。

随后，将继续设计相关的监督。

下文给出了通用的方法（并针对系统本身进行说明），14.3 节中给出了根据所考虑的视角将上述方法应用于系统、参与者、子系统和部件的不同方式。

14.4.1 预期行为定义

14.4.1.1 模式

状态和模式定义的第一阶段包含系统面临的不同情况下的预期行为：运行的主要模式、模式中需要的能力和功能等、系统在其环境中演化的条件、独立于系统自身决策和功能的不同环境状态。该方法通过与本书先前论述的功能分析方法共同使用。

首先，识别需要同时存在的不同类型模式，如在运行或训练情况下的使用、运行使用或维护、自动模式以及由操作者或外部系统控制的模式等。

其次，对于每种模式类型，定义所要求的模式清单以及互相之间可能和需要的转换，需要建立与模式数量相同的（并发）模式机进行形式化描述。

再次，通过一个或多个独立构型来定义每个模式的内容，以描述系统在正常条件下的操作使用中所预期的功能和非功能内容（所需能力和功能、应在此模式下运行的功能链或场景、性能和其他相关属性等）或实际预期的结构性内容（部件、接口、交换项、物理链接等）。单个构型可被多个模式共享。

最后，依赖于功能内容（执行功能交换、运行功能等）完成每个模式机内部模式之间的转换和触发条件定义。

14.4.1.2 状态

可以影响系统内容和性能的不同并发状态机将以类似方式进行定义（部件的存在状态、部件或物理链接的正常运转或失效、资源或能力降级等）。

如上所述，还将描述与对这些状态相关联的单一构型，包括描述可预测的结构性内容（部件、接口、交换项、物理链接及其相关属性，如每个部件的可用性等）或功能性及非功能性内容（相关的功能、功能链、性能和完整性等）。

14.4.1.3 叠加情况和全局预期构型

一旦定义了系统的预期行为，就必须在系统生命周期和使用过程中，面对可能影响系统或使其受到质疑的情况。首先，描述在特定环境中（如对于每个一级任务或能力）系统可能遇到的情况：每个关键或必要的"生命周期阶段"以及"感兴趣或使用的环境"。

每种情况将识别系统所需的模式、它们的叠加（所考虑的模式和状态的逻辑叠加）以及在该情况下可能产生的状态，尤其是危险状态（被攻击、失效或故障、外部干扰等）。例如，所有状态和模式在特定时刻同时激活，这即是一种叠加情况。

为了表达普遍的演化，按时间顺序排列上述叠加情况常常很有帮助，这也可以在场景内进行捕获。

有必要定义一条目标（独立于每种情况下涉及的模式和状态），以描述该情况下的某种"全局关注构型"或"预期构型"（至少从功能角度），从而验证下层的设计是否完全符合。上述构型会包含可以运行的场景或者必须具备的能力（见图14.2）。

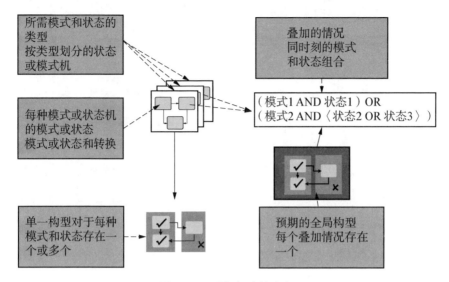

图 14.2　预期行为的定义

14.4.2　模式和状态的叠加分析

14.4.2.1　每种模式下的最终构型

到目前为止，还无法验证每种模式关联的构型在既定的情况下是否相互一致。针对每种多模式叠加的情况，都会因与每种模式关联的构型产生约束。这些构型应该相互结合，但也可能不完整甚至相互矛盾（例如，某个功能需要在一种模式中存在但另一种模式中除外，或者在该模式下由于使用的功能不可用而导致某个功能链不完整等）。

为了验证这一点，该方法的下一个阶段是构建由设想模式的叠加施加的"全局计算构型"或"观察构型"。这种构型通过组合叠加在场景中的模式的单一构型来计算，同时需要定义组合规则，默认从每个模式的所有约束的并集开始（见图 14.3）。

然后，必须验证全局计算最终构型的内部一致性（结构性、功能性和非功能方面），如果出现不一致，则必须对单一构型和（或）模式机进行修改。

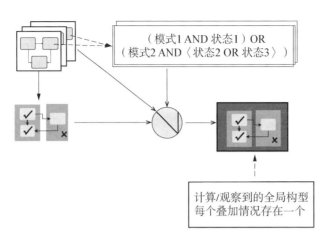

（模式1 AND 状态1）OR
（模式2 AND〈状态2 OR 状态3〉）

计算/观察到的全局构型
每个叠加情况存在一个

图14.3　每个模式情况观察的结果构型

14.4.2.2　与全局预期构型对比

一旦完成上述阶段，每种情况的最终全局计算构型的一致性和内容就已经建立，但是在这种情况下，它们是否满足系统整体的预期能力？

对于每种叠加情况，可以对比最终全局计算构型与全局预期构型（如只在预期构型或者部分在观察构型中存在的元件，见图14.4）。当两者不一致时，必须对前面定义的单一构型和（或）模式机进行修改。

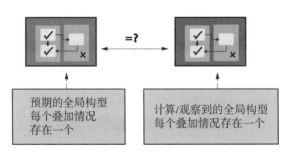

=?

预期的全局构型
每个叠加情况
存在一个

计算/观察到的全局构型
每个叠加情况存在一个

图14.4　全局预期和计算后构型之间的对比

14.4.2.3　状态和模式引起的构型分析

如前文所述，在该方法中，状态及其构型可以作为模式进行处理。不过，大多数情况下，状态跟模式的触发条件和结果的性质不同，尽管两者原理接近程度很高，但其操作是不同的，所以我们更倾向于将状态单独进行二次处理。

对于每种情况，都必须对比与状态相关的全局计算构型，同时也要对比与模式相关的全局计算构型。

例如，如果结构元件（如主机物理部件）在所考虑的状态中不可用，就必须传播该不可用性（例如，传播到不再可用的分配给上述物理部件的行为部件、后者实现的功能以及使用它们的相关功能链、场景以及能力等），这些元件所具有的非功能性属性也应加以对比（资源、性能、可用状态等）。

可以看到，问题不在于组合模式的单一构型，而在于如何将状态的构型所得到的约束传播到模式的构型中。

此分析还可以根据某一情况所携带的状态和模式的每种组合得出全局计算最终构型，其中可能不包括某些初始元素，也可能通过最终属性（如其实际可用性、性能或资源）来表征每个元素（见图 14.5）。

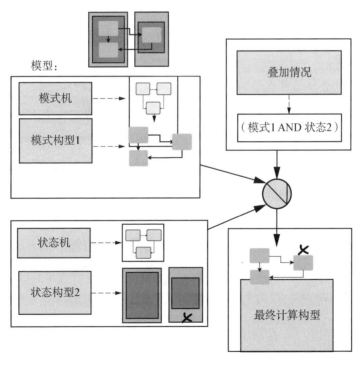

图 14.5 模式和状态的叠加分析

14.4.2.4 与全局预期构型的二次对比

如所提到的，对每个叠加情况，都需要在它们的模式和状态的基础上，将全局计算最终构型与全局预期构型进行对比（如只在预期构型或者部分在观察构型中存在的元件等）。

考虑到预期运行任务和使用，应验证能力损失是否仍能接受。

14.4.3　调整架构以适配叠加

如果预期行为与上述分析结果差异过大且不可接受，则必须通过修改架构并尝试修复其能力，来寻找可接受的折中解决方案。

[示例]　这可能包括以下各项。

（1）功能变更或重分配（将关键功能转移至不易受攻击的部件或调整为最重要的功能优先级）。

（2）定义降级模式，它将触发资源动态重构型，以将行为部件转移到仍然可用的主机物理部件。

（3）在具有相同功能的多个处理链之间，引入主动或被动冗余，并监控链之间的一致性。

（4）通过替换更可靠的部件，进而优化与状态链接的构型。

所有改进架构的工作，必然需要重新访问、修改或完成系统模式和状态、它们之间的转换，以及通过前文讨论的方法整合的相关配置。

作为最后的手段，可能需要依赖于可追溯性链接从运行分析和系统需要分析开始分析影响，重新协商预期需求和功能或非功能内容。

14.5　设计与系统和部件的状态和模式相关的监督

14.5.1　功能和行为的监督

构建监督的第一个阶段，旨在定义对其有贡献的不同功能。需要注意，考虑到它对先前研究的部件架构的高度依赖性，通常该定义在这些部件的规则确定之后才最终确定。

可以从定义构成系统全局监督的功能（集）开始。

（1）控制系统的启动和关闭。

（2）引导其模式和重构的全局更改。

（3）监视其运行状态。

（4）检测需要模式更改的情况。

（5）执行模式更改。

以上编排的功能应该分配至系统中最适合执行该功能的部件[①]上（中心位置和扩展通信能力、可靠性、防攻击等）。

用于监督的编排功能将为模式变更和重构型提供指令，以对不同部件执行的同源功能进行监督。上述指令将由触发模式变更的指令来完成。

监督功能还将接收系统及其部件的状态信息，该信息是由负责检测状态变化的其他功能（也需要定义）产生的，这些功能应尽可能靠近状态变更源（如检测到故障部件、无响应的参与者、环境变化等）。以上的定义和分配最好始于对状态变化条件的检查，也应该对每个前面识别的状态机执行此过程。

监督功能应接收所有可能触发模式改变的信息（出现在模式之间转换的条件中），也同样应该对每个前面识别的模式机执行此过程。

当然，还应额外完成一些涉及的功能链、管理功能结构和场景的定义，以及管理的动态行为场景（包括状态和模式或情况的变更）定义，就像架构定义的一般方法所描述的。特别的，我们将描述场景以考虑预期（或不希望）的系统状态及其环境的变化，进而实现相关的降级模式和构型。

当然，如架构设计的一般方法所述，应定义所涉及的功能链、监督接口和指定监督预期动态行为（包括模式和状态或情况的更改）的场景。我们还将描述有关系统状态及其环境的可预测（或危险）变化、实现相关降级模式和重构型的场景。

14.5.2　系统和部件监督之间的衔接

如上所述，有助于监督的功能设计应尽可能与架构和部件的设计接近。这些功能（模式机及状态机的监督和管理、运行状态的监视、模式变更指令及

---

① 此处假设为集中在对执行该功能的部件的监督，虽然也存在其他分散或分布式的可能性，但在此处是最简单的解决方法。

其影响）到部件的分配与功能定义同时发生。

首先要识别引导监督和重构型的部件，然后将所需的功能分配给它们，并且在架构中定义传递指令和状态信息的路径。

接下来，分析监督对每个架构中部件的影响，部分部件完全不受影响，所以考虑以下两种受影响的情况。

一种情况，在系统监督下只做"响应"的部件，它们接收到系统模式变更的指令后对其行为进行配置。此时，为了便于描述它们的预期行为，可以为系统级定义的每个模式或状态机定义一个专用于部件的模式或状态机，处理来自系统级的模式或状态机的委托请求。另外，还在系统级描述的构型中定义了仅限于部件边界的构型。模式之间转换的条件是系统监督发送的指令。

另一种情况，部件（标记为"主动"）需要由其状态或内部运行，或作为系统连接点由外部信息及事件来确定其自身行为描述。这在自动系统/部件或降级运行的情况下，如必须与系统的其余部分分开重构时尤其重要。要么该主动行为由不同于第一种情况所述的状态机描述，此时它们是共存的——只有它们叠加在一起时，才必须确保它们的构型是一致并兼容的；要么该主动行为通过某种方式链接到系统行为上，在此情况下应创建专门的状态机，混合（或组合）应从系统监督的角度管理部件以及其内部（主动）行为所需的模式或状态。

对于上述所有情况，保持部件的模式和状态与相应系统的模式和状态以及构型之间的可追溯性是很重要的。

要注意的是，不要求系统的模式或状态严格地由多个部件模式表达，仅需要验证每个转换到系统模式的指令能确实引发系统（状态或模式）机所需的构型变化，并且每个部件内部的特定状态或模式关联的构型确实符合上一次接收的监督指令所描述的系统预期（如通过相关系统模式和构型）。

[示例]　系统的特定模式可以由某个部件或子系统状态传递：如果智能手机进入节能模式，除非智能手机及其操作系统工程团队已经预见到应用程序的明确通知，否则其部件（尤其是应用程序）可能以非预期的方式非自愿地进入资源受限状态（通信、处理资源等），即预先设计和选择的降级

模式。

此外，还需验证系统模式和状态之间以及包含模式或状态管理的部件的一致性，这在复用现有部件的情况下尤为需要。

为此，对于先前为系统定义的每种情况（系统状态和模式的组合），我们将定义包含所有部件（至少是最重要的部件）的情况。部件模式和状态的组合应该考虑到以前的情况，并由系统监督的请求触发。最终构型的对比有助于检查潜在的不一致性，进而修改部件的模式机和状态机。

14.5.3 系统重构型条件的分析和验证

系统重构型的触发来源是多重的：系统模式的变化、对状态变化的自动响应或由监督计划的随着状态变化的进入降级模式的动作等（见第 14 章 14.4.3 节）。

这些情况下，除了验证前文描述的每种开始和结束情况的内容之外，还必须从监督的角度，定义引发构型和所需状态的阶段，并验证其可行性。事实上，可能由于状态的变化（实际上是模式）导致资源（使重构型命令被重新路由或执行部分重构型的资源）的不可用。

从初始状态转移到预期状态的阶段可以用描述连续功能阶段的场景来表示，不过在开始和结束模式之间定义中间状态也可能有助于系统和部件的构型的逐步演化。这些模式变化可以按上一节描述的相同设计方法在先前的场景中捕获。

需要指出的是，此方法必须关注实施监督的可行性，即便是开始和结束构型满足运行需要，部件、接口、功能、交换项等的不可用也可导致监督的不可运行，所以必须确保以下几点。

（1）模式（状态）之间的转换源的完整可用（驻留的部件完全激活并有足够资源）。

（2）给每个监督功能提供相关信息的传输通道可用，并适用于检测故障导致的状态变化的功能链。

（3）执行每条监督功能的资源也可用（每一个涉及的部件）。

（4）监督指令的传输通道可用。

(5) 后续响应执行重构型的功能和部件完全具备执行能力。

14.6 使用模型作为启动和关闭过程

虽然无法在此处设计系统的启动和关闭过程，但仍然可以指出模型及其分析如何帮助定义系统及其部件的启动条件。

多数复杂系统的启动和关闭过程本身就是复杂的，一般通过系统及其操作者可执行的一组连续功能描述（一组场景即足以表达），再通过"状态机"管理（类似于上述模式机和状态机）：这些"状态机"描述了上述过程中的不同阶段（每个阶段作为状态机的一个"状态"）、它们的内容（功能等）、排列它们的条件以及它们之间转换的条件。每个系统部件一般都将定义一个"状态机"，在大多数情况下，所有"状态机"由一个中心监督部件监督（如14.5.1节和14.5.2节所述）。

这种定义的主要困难之一是设计和验证应执行的初始化顺序。事实上，很多影响系统初始化顺序的约束都在系统模型中存在，我们引用如下例子。

（1）在特定功能之间产生操作顺序的功能性依赖关系：例如，数据或材料供应商以及外部参与者执行的操作，应先于消费者进入激活或运行状态，模型通过功能之间的数据流和交换来捕获它们。

（2）非功能性依赖关系：例如，安全性规则（在确保系统和操作者进行之前不得启动能源供应）、潜在优先级（首先启动关键功能链），这些内容通过对每个视角（可怕事件、关键性等）的补充加入模型中。

（3）技术依赖关系（如电源、IT服务器、压力泵等）：一般在模型中通过主机物理部件表达，为行为部件提供资源和约束。

（4）性能（上电时间、系统内部或外部通信速度、装满水箱的时间）：大多数由与模型元素（功能链、场景等）关联的属性捕获。

以下的能力非常"有野心"并远远超出了技术水平，将从前文元素中建立适用于程序的约束图，然后使其能够定义功能、部件和状态变化之间所需的优先顺序、初始化功能之间同步或"会面"的潜在需要与触发转换的事件和数据。

14.7 小结

本章所考虑的系统监督的概念包括以下几个方面：系统及其部件的模式和状态的管理；监控系统的正确运行并检测潜在的故障；在运行期间应操作的动态重构型，特别是故障恢复；启动和关闭系统及其部件。

监督的编排由系统状态和模式及其转换来控制，它们决定了给定条件下系统或部件的构型，并完成和细化了从 OA 到 PA 的各个视角的功能描述。

状态和模式工程对比系统将要面对不同情况下的预期行为（功能分析中描述的行为）和执行时元素的可用性条件（在架构、部件、资源、物理链接的结构部分中描述）。

15　对产品线工程的贡献

15.1　问题的背景与定位

在深刻影响工程和系统架构定义的业务实践中，产品政策定义是当前最有效的行动方法之一。在称为产品线的全局视野内，它支持不同产品和项目之间的核心共享，识别它们之间的差异并将其最小化，同时还支持基于现有部件构建新产品。然而，在工程中有效实施该产品政策（仅限在本章讨论）需要面临一些挑战。

产品政策的复杂性之一来自参与者的多重性和多样性，涉及的关注点包括市场、架构师、工程、开发和生产、商业等，这些关注点适用于绝大多数工程产物（需求、架构模型、软硬件生产元素、测试活动等）以及其他方面的产物（用户手册、保障、业务目录等），这构成了产品政策预期和贡献的多样性。产品线中的每个参与者都有不同且不相关的观点，以不同的方式响应不同的关注点：营销关注市场，业务关注向客户提供的内容，工程关注元素在不同项目中的复用以及产品的全局一致性。

复杂性还与基本差异的数量有关，如满足不同客户需要的产品版本。这些可变性来源于不同的参与者及其对产品定义的贡献，可能有上百上千种选择，这可能引发所考虑的组合或产品版本的"组合爆炸"。此外，由于基本选择之间的依赖关系（不兼容、先决条件等），产品政策在此数量化维度上的复杂性将发生质的增加，进而导致其有效性、验证内容的能力及使用方面的问题。

最后，产品可变性定义（通常是隐式和非形式化的）会产生对产品架构和定义的需求，尽管这要求对不同选择及多种组合进行可行性验证，但它仍然经常被忽略，并会在产品定义及其每个变体中产生风险和多余的迭代。

目前，工业界的做法是区分产品线工程（领域工程）和特定产品工程（面向客户或市场），前者定义了产品线的可变域以及可能的预期变体，后者从可选项中选择预期产品所需的选项并添加属于该产品的特性。

产品线定义中元素的形式化，主要使用所谓的"特征模型"（feature model，FM）捕获给定产品线的所有可能变体。此模型通常定义为树形结构，其中每个节点（即可变点）表示单个元素（或元素集）的几个可能变体（树形结构的子分支）的选择可能性，更多细节见第 22 章 22.1 节。

将产品线应用于给定客户或市场的过程称为转换，为树形结构中每个节点选择一个或多个分支（可选项、互斥项等）以满足客户要求，转换的结果即产品构型。当前的技术能够识别不同工程产物（需求、工程模型、测试活动等）中可能存在的变体，并根据转换过程中所做选择为每个构型生成对应产物（只有与所做选择相对应的需求、模型部分、测试活动等才会被整合到该产物中）。

尽管非常推荐使用上述做法，但单独使用它时存在以下诸多限制。

（1）定义和验证特征模型的过程与工程的其他活动和约束关系不大。

（2）特征模型的规模常常会非常庞大且难以管理，虽然节点列出了构成需求和解决方案的元素，但不是定义真正的变体。

（3）由于规模和可变点之间的内部依赖性导致的复杂性，使得转换非常复杂。模型树形结构的信息不足以为用户提供选择和检测不兼容等方面的指导。

（4）很难将客户需要与解决方案的约束条件和意外情况分离，因此很难完全确定什么可以满足需要以及哪些需要应由用户选择。

（5）此过程无法保证产品线架构及其可重用部件能够适应所识别的可变性。

（6）此过程无法保证由构型生成的产品架构的有效性以及是否能够提供满足客户预期的服务。

注意：虽然不正确，但是为简化起见，在特征模型和工程模型语境之外，一个可能的局部选择在当前的用语中被称为选项（因此包括变体和可变点）。

15.2 产品线工程的一般方法

15.2.1 方法的规则

为了寻找应对上述复杂性来源的解决方案，ARCADIA 建议将构建产品线（尤其是特征模型）的方法建立在工程方法的规则和视角之上，并以统一方式联合实施这两种方法。

ARCADIA 自始至终通过与工程模型（支持 ARCADIA 方法论的模型）相同的基于视角的方法细分特征模型，并同时开发工程模型与特征模型，来指导和优化特征模型的开发，从而找到产品定义的全局最优值，确保产品可变性、构型和架构的定义，同时尽可能减少建模和验证的工作量。

（1）在运行分析中，产品用户的运行需要为市场分析提供指导，并对该市场进行初步细分，此时的特征模型更适用于市场运行。

（2）在系统需要分析中，产品预期的功能和服务构成了定义第二个特征模型的基础，它支持业务中的产品组合和客户选择。

（3）在逻辑架构和物理架构中，分析了产品可变性的后果和产品线架构所需适应性，并且在多视角分析中对产品线架构施加了约束。这使得特征模型更具有技术性，它具有更多架构选择和约束，并识别了有助于构建产品线的具体元素（如可重用部件）。

（4）最后，工程模型和特征模型相互链接并相互补充，与变量相关的工程模型的边界由到特征模型可变点的链接定义。除了工程模型之外，这更普遍地适用于不同的工程产物，如需求、测试活动和结果、缺陷和变更请求数据库、构型等。

上述方法应用于构建产品线，即领域工程。作为对领域工程的补充，针对每一个特定客户或市场，会专门基于领域中已开发的元素建立项目工程。项目工程将在第 15 章 15.3.4 节进行描述，并使用消减法（第 15 章 15.4 节）为给定客户或产品转换为构型。

15.2.2 方法中的驱动因素和关键活动

更具体地，一方面，该方法通过上述视角使用了许多涉及特征模型的结构化活动。

（1）分离不同类型可变性，以使每个角色（市场、业务、架构师等）只关注自己专有的特征模型。

（2）为上述产品所涉及角色的每个视角创建一个特征模型（运行、系统需要、逻辑或物理架构的可变性），而不再"全部捕获"所有信息。

（3）根据上一层级定义的元素，识别每个特征模型的可变性元素，同时保持追溯和理由链接（例如，从市场细分角度为客户建立并证明合理的商业选择，以及与商业选择相关的已定义产品变体等）。

（4）推导出相应的可变性和可选项，从而形成以该方式合并的全局特征模型。

另一方面，工程模型和特征模型的联合开发如下。

（1）区分并分离描述对产品线有贡献的元素的工程模型（称为领域模型），以及属于每个项目、最终产品或客户的模型（称为项目模型）。

（2）基于工程模型的视角构建和鉴定先前的每种特征模型。

（3）识别工程模型中可选的或通用的元素（能力、功能及功能链、场景、可用部件等），支持高层级的元素，表达元素的需要和预期用途（能力、功能链、场景等）。

（4）由此，根据可变的工程模型元素，推导出相关特征模型的可变性以及可选项，而不是独立于产品架构先行构建它们。

（5）通过为每个所需产品构型（项目模型）自动构建（工程）架构模型，定义所需架构选项和构型。

（6）通过对模型的多视角分析，验证生成架构的有效性并检测不一致性（如对其他未选模型有用的备选部件）。

15.2.3　方法的收益

联合定义特征模型和工程模型的好处是多方面的。

（1）这会使构建特征模型更加容易，并可以通过需要和解决方案来保证其合理性。这也提供了利用两者一致性验证特征模型的方法。

（2）工程模型中的架构描述降低了特征模型的规模和复杂性：整个架构描述仅在工程模型中出现，借助架构和工程模型的结构将基本可变性分组，使变体在工程模型中的高层级元素（能力、功能链、子系统等）上得以表达。

（3）通过工程模型的指导，可以更加容易地使用特征模型构建构型：与其着眼于产品基础部件上非常详细的可变点，不如选择客户预期的主要能力，并通过工程模型（通过能力、功能、部件链接等）实现可变性细节；变体和可变点之间的依赖将通过工程模型中的架构约束来表示，无须在特征模型中体现。

（4）可变点之间的依赖性被最小化，因为它们通常是由工程模型表达的约束（例如，共同的市场预期、商业选择的功能一致性或选项中部件之间的技术和架构依赖性）造成的，并且是由该模型的元素构建的，所以它们的一致性也能通过此构建过程得到保证。

（5）通过架构约束选项消除不现实的组合，以降低选项组合的数量。

（6）大多数选择标准在工程模型中都是明确的（所需能力、预期功能、目标客户的类型、施加的技术和架构约束等）。

（7）可以尽早考虑与产品线相关的约束（共享部件的共通化、可变性的分离、可变点或变体之间依赖性的识别等），并将它们集成到架构定义中。

（8）最后，因为工程模型可以从各个构型自动生成，从而可以验证特征模型中每个构型或选项选择的可行性，并通过多视点分析来检测模型中潜在的不一致性。

接下来将介绍构建产品线的方法，以及为给定产品转换变体的方法。

很明显，此处可以应用前文的一般ARCADIA方法论，所以下文将只提及与产品线工程相关的细节。

［示例］　本章示例将展示 ARCADIA 方法论在汽车产品线工程中的应用，仅作为对概念理解的参考，而非对汽车真实信息的复现，敬请谅解。

15.3　架构和产品可变性的联合构建

本节以阶段性的方式描述预先构建产品线并将产品线约束尽早集成到工程中的全局方法。

该方法关注每个 ARCADIA 视角（并考虑视角中的细节）中属于产品线方法的活动。上述指导性驱动和原则性活动虽然仅在此处提及，但它们适用于每个产品线工程阶段。

15.3.1　运行分析中的市场分析

15.3.1.1　市场和利益攸关方的细分

产品线方法的第一阶段是确定目标市场的特征，并根据潜在客户和其他利益攸关方的预期将其细分。主要使用运行实体和参与者来捕获不同潜在客户和用户的细分，使用任务和运行能力分别描述其目标和预期。

［示例］　对于道路车辆产品线，以运行实体的形式识别用户之间的初始细分，并将其与所需任务和运行能力相关联。

（1）家庭（运行实体）：其主要目的是为所有乘客提供安全愉悦的旅程（任务），即乘客希望驾驶安全并休息舒适（运行能力）。

（2）业余赛车俱乐部会员（运行实体）：其目的是参加业余比赛（任务），他们也希望安全驾驶，但同时最重要的是要有最强力的驱动性能（运行能力）。

（3）公司（运行实体）：其目的是将材料运输到建筑工地（任务），并希望有一个安全的旅程，但同时最重要的是可以运载重物或者越野（运行能力）。

15.3.1.2　利益攸关方的预期

每个客户或用户的预期都由运行活动以及涉及这些活动的场景或运行流程

指定，以提供预期的能力，这些预期形成代表用户全局预期的分组（运行活动）。

可以在此基础上对需要的共性或特性进行初步分析：例如，一些客户可以共享相同的能力或活动，或者保留各自不同的需要。因此，将建立运行实体与能力、活动等之间的链接，以传递共享需要或特定需要的初始分配信息。

［示例］ 通过对运行活动进行分组，从上述要求的能力中识别出下列与车辆相关的若干预期。

（1）确保安全驾驶：确保短距离制动并协助停车（活动）。

（2）确保乘客舒适感：可容纳全家人及其携带的所有行李，并对陌生路线辅助导航。

（3）最小化旅行成本。

a. 实现运动模式驾驶：加速快、最高时速大、能够高速转弯等。

b. 运载沉重大型的负载。

c. 越野行驶，如在运载重物时爬上陡峭的山坡等。

毫无疑问，确保安全驾驶是所有用户共同的需要，而运动性能主要受业余赛车俱乐部成员青睐，装载重物是所有公司的利益诉求，因此相应的活动将被选择性或集中地分配给参与者。

15.3.1.3 描述利益攸关方的预期

为了指导产品线运行可变性的定义，可以描述目前为止形成的元素的初步特征。

每个运行实体、能力、场景、活动等的特征包括其对最终用户的价值、重要性、关键性、使用频率和预期服务质量等。

还必须寻找关联、依赖、互斥的条件并将其形式化，以约束的形式链接运行分析元素。

［示例］ 可以将关联或互斥的特征和条件应用于（或不）车辆领域。

（1）确保安全驾驶必须无差别地施加给市场和客户的所有细分。

（2）运动模式驾驶通常伴随着对舒适设施的预期。

（3）越野旅行可以配备更少的舒适设施。

（4）运动模式驾驶基本不考虑旅行中的经济成本。

如果需要兼顾运动模式驾驶和越野旅行，那么首选运动模式驾驶，这种关联通常适用于更广泛的版本。

模型中的特征由特定约束或属性表示，以分组先前的活动。

15.3.1.4 优先考虑利益攸关方的预期

借助上述附加特征，每种类型的客户可以根据它们的预期评估每一先前元素的重要性［通过定义每个客户必需（一定要有）、预期或理想（最好具备）的特征］，并根据优先级进行选择。最终约束与前文的运行建模元素（能力、活动、实体等）相关联。

［**示例**］ 对于家庭来说，安全性和运送车上所有乘客及行李的能力是必需的（做出选择的首要标准），乘坐舒适性和最小化旅行成本的能力是预期的，辅助功能或运动模式驾驶仅仅是理想的。

而对于业余赛车俱乐部会员来说，运动模式驾驶能力是必需的，乘坐舒适性是预期的，对陌生路线的辅助导航是理想的（见表 15.1）。

表 15.1 利益攸关方预期及优先级划分

运行实体	特征	运行活动（或分组）
家庭	必需的	确保安全驾驶、携带多个行李、能够搭乘全家人员
	预期的	舒适出行、最小化出行成本
	理想的	前往未知地点、辅助停车、拥有运动模式驾驶（作为一个可选项?）
业余赛车俱乐部会员	必需的	行驶速度快、短距离制动、加速快、最高时速高、能高速转弯
	预期的	乘坐舒适
	理想的	在陌生路线上有辅助导航
公司	必需的	运载重物
	预期的	能越野行驶、最小化出行成本、爬坡性能好
	理想的	乘坐舒适、在陌生路线上有辅助导航

15.3.1.5 定义运行可变性

此时，可以建立一个基于上述分析的运行特征模型并证明其合理性。

根据先前的市场细分或最开始确定的主要能力，可以在早期阶段初始化可变性树，先前阶段确定的特征也将成为可变性树的潜在接入点，识别必需、理想的特征的额外节点作为可能的变化点。

然后根据运行分析元素的特征，识别出构成市场及利益攸关方所有细分共同核心部分的通用元素，但仅在工程模型中是先验的。实际上，最好不要在特征模型上加入过多"架构"或"需要"的描述元素，这些元素最好在工程模型中进行描述并与其余部分相连接。

针对不同细分特定化的工程模型元素受到变体、互斥项、可选项等定义的约束，以完成链接工程模型与特征模型的运行可变性树，每个树中的节点还将参考运行分析的元素。

此过程将使用尽可能全面的运行分析元素：活动分组或运行能力，而非基本活动。这简化了特征模型，并且可以通过应用于高层级元素的单个变体来合成若干基本选项（对使用和客户预期很有意义），这也约束了在变体或可变点之间引入依赖关系的需要，这些依赖关系通常以全面元素或分组元素的形式在工程模型中存在。

因此，运行特征模型和工程模型的运行分析通过链接进行连接，这些链接既描述了每个可变点和变体的预期内容，又形成了特征模型的合理性证明和相关的"用户手册"。

[**示例**]　道路车辆的主要运行可变点如下。

（1）舒适性条件。

（2）运动模式的驾驶方式。

（3）使用经济性。

（4）越野驾驶能力。

（5）搭乘人数。

（6）运输能力。

以上定义了构成车辆运行特征模型的主要节点。

通过考虑辅助导航、座位的舒适度等来改进可变性树，根据具体情况作为提供（或不）的可选项。部分运行特征模型如表15.2所示。

表 15.2　运行特征模型（部分）

运行特征模型	模式	运行特征模型	模式
• 舒适		运载重物	多选项
舒适座椅	可选项	越野行驶	多选项
导航辅助	可选项	• 乘客人数	
行李容量	可选项	2 人	互斥项
停车辅助	可选项	5 人	互斥项
• 运动驾驶	可选项	7 人	互斥项
• 经济使用	可选项	……	
• 专业使用			

事实上，如果仅考虑运动模式驾驶的单一可变点，会比定义四个独立可变点（如加速性能、最高速度、转弯速度和制动力）要简单得多，这同时也表明如果不将这些可变点作为整体对待，就会影响运动模式驾驶能力（仅在单独开发的特征模型中列出基本可变点时不明显）。

此外，如果认为短距离制动是必需的，那么它不应出现在特征模型中。

15.3.1.6　定义标准参考构型

在该层级上可以定义标准参考构型，它将构成市场构型和产品供应构型。每种构型都包括普遍关注的共同预期以及特征模型的可用变体中的选择，并通过先前的分析证明其合理性。

该定义使用市场细分来设计适合每个细分的产品供应，并基于先前的特征描述构建相关的参考构型。例如，可以根据市场细分中必需的元素，为每个市场细分构建一个初始进入范围构型，然后在更高层级添加可选项。

应当注意，参考构型可以包括未解析的节点，即可保留多个变体的可变点，以考虑市场中的不确定性和潜在变化。所以要从选定的标准构型开始，并仅定义尚未解析的节点（如为给定客户交付最终构型时），此能力由特征和构型模型的管理提供。

[示例]　车辆的运行参考构型可以如下所示。

（1）为家庭提供安全、舒适、载客量大的基本构型以及辅助停车、辅助导航等可选构型。

（2）为业余赛车俱乐部会员提供高性能的基本构型和舒适度的可选构型。

（3）为公司提供运载重物的基本构型和越野驾驶的可选构型。

表15.3给出了一个简单的描述。

表15.3　运行参考构型（部分）

运行特征模型	家庭版	运动版	业务版
● 舒适度			
坐着舒适	基本项	基本项	可选项
辅助导航	可选项	基本项	可选项
行李容量	基本的	不可选项	基本项
停车辅助	可选项	可选项	可选项
● 运动驾驶	不适用	基本项	不适用
● 使用经济性	可选项	不适用	可选项
● 专业用途			
运载货物	不适用	不适用	基本项
越野驾驶	不适用	不适用	可选项
● 乘客人数			
2人	不适用	基本项	基本项
5人	基本项	互斥项	不适用
7人	可选项	不适用	不适用

15.3.1.7　特征模型和工程模型的一致性验证

特征模型和工程模型的一致性验证需要在两个层级上进行：可变性树与完整模型及每个参考构型的对比。

需要验证以下方面。

（1）选择能够使模型达到一致状态的变体（所需能力中的活动完整、运行流程完整或场景完整等），包括变体之间的先决条件关系。

（2）不选择能够使模型保持一致状态的变体，包括所有变体共有的部分以及定义的其他变体和可变点（尤其是此变体的备选项以及由此变体或可变点产生的互斥关系）。

（3）变体的组合不会导致模型不一致（如两个对立的场景或引入某个活动后受干扰的运行流程）。

（4）每个构型的架构都符合预期的规则手册和其定义需要的需求（可以工程模型的多视角分析方法）。

15.3.2　在系统需要分析中定义客户选项

15.3.2.1　定义每个运行变体所需的服务

在系统需要分析的过程中，根据运行分析元素来识别、选择和跟踪系统为满足用户运行需要的能力和功能（或服务）。

[示例]　表 15.4 和图 15.1 给出了运行活动之前车辆预期的服务功能示例（这些服务仅用于规范目的，而不是解决方案功能）。

表 15.4　运行变体所需的运行活动和系统需要功能

运行活动	系统功能（服务）
起步加速	提供强劲性能
短距离突破	确保有效制动
运载重物	适应各种载荷 支持运载重物 保持车辆水平 确保有效制动 提供强劲性能
承载多件行李	适应各种负载 行李空间宽敞 保持车辆水平 确保有效制动
爬陡坡	允许高地隙 提供强劲性能
高速行驶	允许低地隙 提供强劲性能
高速转弯行驶	承受不平整路面 提供强劲性能 转弯时保持车辆曲线行驶 转弯时保持驾驶员身体平稳 保持车辆水平
越野行驶	允许高地隙 确保良好的抓地性
最小的出行成本	允许低地隙 降低油耗

运行活动	系统功能（服务）
方便停车	探测短距离障碍物
舒适休息	承受不平整路面
	转弯时保持驾驶员身体平稳
	保持车辆水平
	提供舒适的座椅
乘载家庭成员	适应各种负载
	允许5座或7座构型
沿陌生路线行驶	提供路线指引

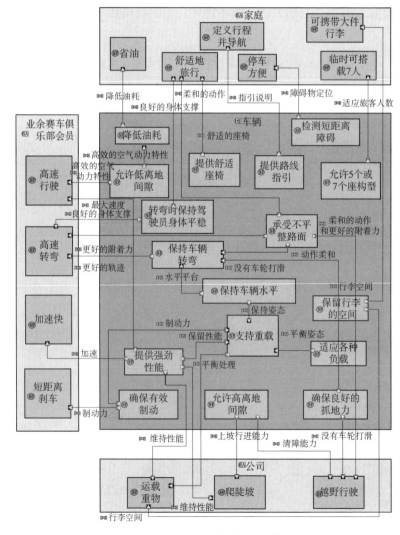

图 15.1　系统需要的功能分析（部分）

通过跟踪来自可变点所在运行元素的追溯链接，可以传递运行分析中确定的可变性，并指导系统分析的可变性定义（而非形成系统分析可变性）。因此，可以在系统预期的服务功能中获得每个运行变体的"踪迹"（可以通过专用分组实现）。

原则上，受变体约束的功能分解应与运行分析结果一致，包括功能分离、功能链的一致性和连续性等。这有时会导致修改系统能力、功能分解、功能交换和功能链，或产生新的功能链或场景以分离变体及互斥项。

[示例]　对于运行特征模型中识别的每个可变点和变体，可能涉及的功能可通过以下建模元素之间的链接"自动"列出：特征模型中的可变点→能力或运行活动→系统需要功能。由此确定的功能（见表15.5）是系统级可变性的候选功能，并需要对它们进行相应分析（验证两个运行变体中对同一功能的两个引用需要相同内容，否则有必要将该功能分为两个功能）。例如，运动驾驶和专业用途动力不一定需要具有相同性质（发动机可能为扭矩及功率型或扭矩型）。

表 15.5　基于运行可变性识别的系统功能可变性

运行特征模型	涉及的系统功能
舒适度	承受不平整路面 提供路线指引 在转弯时保持车辆水平 提供舒适的座椅
运动驾驶	提供强劲性能 保持车辆水平 允许低地隙 转弯时保持车辆曲线行驶 承受不平整路面 转弯时保持驾驶员身体平稳
使用经济性	允许低地隙 降低油耗
专业用途	适应各种载荷 支持运载重物 保持车辆水平 确保有效制动 提供强劲性能 允许高地隙 确保良好的抓地性
……	

15.3.2.2 描述预期功能服务

除了对上述运行可变性来源的贡献外，系统能力和已识别功能还由对最终用户的必要性或吸引力、关键等级、使用频率、预期服务质量以及可行性或复杂性等来描述。

[示例] 对于车辆，可以首先确定运行分析中主要客户类型的预期，然后在运行活动之后描述系统预期的功能。

表 15.6 利益攸关方的系统预期功能及优先级

运行实体	特征	所需系统功能
家庭	必需的	确保有效制动；保留行李空间；允许 5 或 7 个座位构型
	预期的	承受不平整路面；提供舒适座椅；降低油耗
	理想的	提供路线指引；探测短距离障碍物运动驾驶
业余赛车俱乐部会员	必需的	提供强劲性能；确保有效制动；允许低地隙；承受不平整路面；转弯时保持车辆曲线行驶；保持车辆水平
	预期的	转弯时保持驾驶员身体平稳；提供舒适座椅
	理想的	在陌生路线上有辅助导航；探测短途障碍物运动在驾驶模式下确保良好的抓地性
公司	必需的	适应各种载荷；支持运载重物；保持车辆水平；确保有效制动；运载重物
	预期的	允许高地隙；提供强劲性能；确保任何路况下都有良好的抓地性
	理想的	提供路线指引；探测短途障碍物；提供舒适的座椅

[示例] 由表 15.6 可见，此阶段出现了"预期的"概念。例如，向家庭提供运动驾驶能力，这可能会导致增加相应的运行分析并影响系统需要的特征模型。同样，此阶段也出现了"理想的"概念。例如，对于运动驾驶以及越野驾驶的"确保良好的抓地性"。所以，在定义解决方案架构时，要根据车辆的不同用途，使用不同的设计方法。

在此阶段存在一种涉及金融和经济层面的关键特征描述：上述每一个元素都应该根据其市场价格、竞品信息、预估成本、可能利润等标准尽可能地进行维度标注，从而提出个体可变性的初始取向。

在运行分析期间，通过列出每种服务的特征（必需的、预期的或理想的），评估它们对于各类客户的重要性。

[示例]　可以对所需功能进行分析，以定义和证明其个体可变性的可能条件，如表 15.7 所示。

表 15.7　一些系统需要功能的特征

所需系统功能	特征	合理性说明
提供舒适的座椅 转弯时保持驾驶员身体平稳 提供路线指引 探测短距离障碍物	可选项 可选项 可选项 可选项	不是必需的，可以证明和创建各种高档版本
降低油耗 提供强劲性能	不兼容（互斥）项	降低油耗意味着功率有限 可能成本高
适应各种负荷；支持运载重物	单个/联合选项	无须证明分离两个功能是合理的，它们始终与专业用途相关联
允许 5 个或 7 个座位构型 允许低地隙 允许高地隙	互斥项	两种离地间隙不兼容； 它们的用途（运动版和业务版）不同且与 7 座构型的车不兼容
转弯时保持车辆曲线行驶； 保持车辆水平	多种选项，提升性能	可能成本高，因此分开提供，这种特性对舒适性影响很大，因此是可选的
在任何地形上确保良好的抓地性	可选项	可能成本高

由此产生的约束与上述功能建模元素相关，包括功能、能力、功能链或场景以及非功能性元素（安全级别、预期性能等）。尝试将上述约束应用于最全面的元素，这也可能导致对需要的更改或者增加。

[示例]　可以在上述功能上单独定义各个选项，但它们之间存在依赖关系。

例如，转弯时的抓地性能要求同时需要"承受不平整路面；提供强劲性能；转弯时保持车辆曲线行驶；保持车辆水平"的功能，如图 15.2 所示的功能链"转弯时快速行驶"所描述，该功能链上将添加一个选项（而不是它涉及的每个功能上都添加不同的选项）。

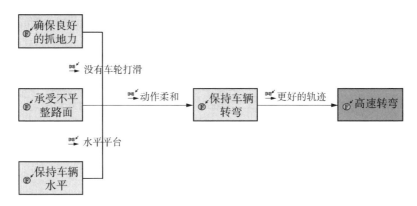

图 15.2　功能链"高速转弯"

同样地，功能链"运载重物"上将添加一个选项，而不是在它所使用的"适应各种负载；支持重载；保持车辆水平；确保有效制动"功能上（见图15.3）。

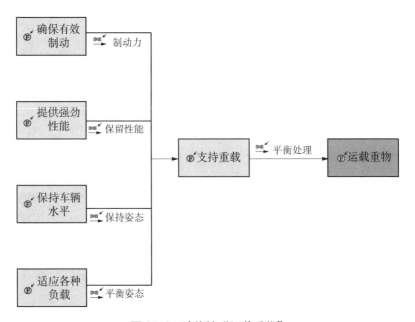

图 15.3　功能链"运载重物"

15.3.2.3　定义预期功能服务的可变性

功能需求的特征模型是根据上述特征构建的，首先要识别所有客户所需的可选服务，然后识别提供这些服务的可能变体以及相关可变点的性质（可选项、互斥项等），如表15.8所示。

表15.8　系统需要的特征模型（部分）

系统需要特征模型	模式	系统需要特征模型	模式
• 抓地力		运动	互斥项
标准	互斥项	• 辅助功能	
增强	互斥项	停车辅助	可选项
优化	互斥项	导航辅助	可选项
适应运载重物	互斥项	• 经济/性能模式	
• 越野	可选项	低油耗	互斥项
• 座位数		性能	互斥项
2座	互斥项	• 底盘	
5座	互斥项	气动底盘	互斥项
7座	互斥项	大型底盘	互斥项
• 座位类型		标准底盘	互斥项
标准	互斥项	• 载重	可选项
舒适	互斥项	……	

此外，基于最全面的系统分析元素（如功能分组、系统能力或功能链，而非基本功能）开发该模型的初始层级，以简化特征模型。特征模型定义了通用的、特定的、可选的以及互斥特性的相关元素。

系统需要的特征模型与受可变性影响的工程模型元素之间的链接被建立，可变性之间的关联、依赖或排斥条件也被形式化。

系统需要的工程模型和特征模型也应通过可追溯性链接与运行分析层级模型链接，或与表示市场约束和市场定位约束等链接，这可以确定系统构型的定义。

[示例]　上述特征引出了结构化的个体选择的定义。

15.3.2.4　定义客户参考构型

系统需要层级的标准客户参考构型的定义直接对应于客户提供的"供应

目录"的形成。一个或多个预定义产品的"范围"或"版本"形成。每个产品都将选择一些既响应已捕获的市场和用户预期又受到商业约束的变量。特定的范围和产品都可能形成对应的一个或一组构型。

因此,根据可变性及其特征,每个范围由一组通用系统能力(功能)和预先确定的可选项或互斥项组成,以形成与给定客户类型一致的完整提案(见表15.9)。

表 15.9   参考系统需要构型(部分)

系统需要特征模型	轿跑	SUV	轿车	货车
• 抓地力				
标准	不适用	基础项	基础项	基础项
增强	基本	互斥项	互斥项	互斥项
优化	互斥项	不适用	不适用	不适用
载货	不适用	互斥项	不适用	基础项
• 越野	不适用	可选项	不适用	可选项
• 座位数				
2座	基础项	不适用	不适用	基础项
5座	不适用	基础项	基础项	不适用
7座	不适用	不适用	互斥项	不适用
• 座位类型				
标准	不适用	基础项	不适用	基础项
舒适	基础项	互斥项	基础项	互斥项
运动	互斥项	互斥项	不适用	不适用
• 辅助				
停车辅助	基础项	可选项	可选项	可选项
导航辅助	基础项	可选项	可选项	可选项
• 经济/性能模式				
低油耗	不适用	可选项	可选项	不适用
性能	基础项	可选项	可选项	可选项
• 底盘				
气动	基础项	不适用	不适用	不适用
大型	不适用	不适用	不适用	基础项
标准	不适用	基础项	基础项	不适用
• 载重	不适用	可选项	不适用	基础项

应注意的是,参考构型可以包括未解析的节点。例如,可变点可以保留多

个变体，以使最终客户（或企业）在参考构型确定的通用框架中完成自己的构型，参见上文的运行分析。

每个构型都应基于影响构型的不同视点（功能一致性、防护性、安全性、性能等）来分析和验证，还可能受经济性视点影响。例如，成本估计和可能利润（视点分析的主题）将与每个构型的轮廓绘制相关。

[示例] 以传统的方式，车辆的不同版本可以根据市场和客户进行定义。

（1）擅长运动驾驶的轿跑。

（2）提供混合动力的 SUV。

（3）专业用途的货车。

（4）轿车。

（5）针对大家庭的 MPV。

有时，使用应分组的初始选择定义部分构型，然后在每个构型中将它们作为整体选择（或不选择），从而确定和简化选择，并限制选择的自由度，直到确定客户的最终构型。

重要的是，在管理特征模型和构型时，能够定义部分"可重用"构型，并从中选择所需的构型（标准构型、客户构型），与特征模型的可变点或参考构型相同。

[示例] 上述特征可以定义在部分构型（这里称为"包"）中分组的选项，以表达功能性或结构性约束（如运动包），也可以表达商业选择，以区分客户供应目录的不同版本，并限制它们的复杂性和数量（见表 15.10）。

表 15.10 组合可选项形成部分构型

系统需要特征模型	运动包	运动增强包	舒适包	高级包
● 抓地力				
增强	×			
优化		×		
● 座位空间				
7 座				×

(续表)

系统需要特征模型	运动包	运动增强包	舒适包	高级包
• 座椅类型				
舒适			×	×
运动				
• 辅助功能				
停车辅助			×	×
导航辅助			×	
• 经济/性能模型				
功率		×		
……				

选择不同的包形成参考构型的不同版本（见表 15.11）。

表 15.11　使用部分构型构建参考构型

系统需要特征模型	轿跑版本		
	"基础"版	"赛车"版	"高级"版
运动包	×		
运动增强包		×	×
舒适包		×	
高级包			×
……			

15.3.2.5　验证特征模型和工程模型的一致性

特征模型和工程模型之间的一致性验证在两个层级上进行：可变性树与完整模型及每个参考构型的对比，这发生在运行分析的条件中。

对于运行分析，还将验证可变性树和工程模型在两个层级之间的一致性，举例如下。

（1）系统分析中的可变性应与运行可变性一致（至少体现在两个视角中都存在可变性的元素之间的追溯和理由链接上）。

（2）系统分析元素可变性应与其链接的运行分析元素可变性一致（能力、

功能链等可变性的对应性和可追溯性）。

15.3.3 设计与产品策略兼容的逻辑和物理架构

此处所示的方法对于逻辑架构和物理架构是相同的，因此只描述一次。此外，它也与上文需要分析类似，读者可以参考。

15.3.3.1 定义每个系统需要变体的行为

构建架构包括设计产品的全局行为（以功能分析的形式响应初期定义的需要）和部件结构（每个部件都分配有部分行为）。

系统需要分析的功能、能力、功能链等与逻辑和物理架构中描述行为的相应部分之间建立追溯链接，从而可以识别针对每个需要的变体以及解决方案中需要满足的行为功能内容（以逻辑或物理架构的功能元素分组形式的"踪迹"）。

[**示例**] 为了简单起见，车辆示例的架构视角将重点关注机械和技术平台（发动机、底盘、传动装置等），而暂时忽略舒适性（座椅、容量等）和车身方面。

与车辆性能相对应的逻辑功能摘录如表 15.12 所示，一个逻辑功能可能支持多个系统预期功能，如悬架或制动功能。

表 15.12 系统需要功能以及满足它们的逻辑功能（摘要）

系统功能（服务）	逻辑解决方案功能
提供强劲性能	提供功率和扭矩；加固底盘；选择点火图；加速时防止车轮打滑
确保有效制动	车轮制动 通过单轮制动控制动态稳定性
保持车辆水平	通过单个悬架强度控制动态姿态
转弯时保持车辆曲线行驶	与"保持车辆水平"相同+硬化/软化减震器 增加/减少减震器行程距离 接合四轮驱动 制动时防止车轮抱死 加速时防止车轮打滑 通过单轮制动控制动态稳定性
适应各种载荷	硬化/软化减震器 增加/减少减震器行程距离

系统功能（服务）	逻辑解决方案功能
承受不平整路面	硬化/软化减震器 增加/减少减震器行程距离
允许高/低地隙	硬化/软化减震器 增加/减少减震器行程距离
其他功能举例	优化发动机油耗 驱动后轮 驱动前轮 分离/接合离合器 接合变速箱上的选定齿轮 锁定差速器 抑制底盘与车轮的相对运动 自动停车 选择驾驶模式 检测短距离障碍 提供路线指引 找到低成本路线 根据特定驾驶员调整座椅位置 允许座椅倾斜和坐垫高度调整 适应肥胖乘客 允许添加/移除额外座位 保留行李空间 方便行李装载 允许进入陡坡 优化空气动力特性

　　此外，还应注意，系统需要分析中的一些潜在备选方案（抓地力或性能需求）不仅由功能差异，还由非功能属性（如减震器行程距离、功率大小和扭矩值）决定。因此，可变性也应用于此类型的工程产物，非形式化需求通常也是它们的载体。

　　最后，大规模结构化的选项（越野能力或运动驾驶）需要针对架构对其特殊性的适应性进行全局研究。这需要定义特定的功能链（与这些能力相关联）及其专用的功能，这些功能将承载相应的特性（包括非功能特性）。本示例中将包括两个"驱动后轮"功能，分别实现4×4越野行驶和4×4赛车的预期，通过与特征模型可变点的链接在功能链（或总体能力）上实现相关变体。

　　构建架构阶段中的重要工作是在所有设想的产品构型之间寻找最大共享核

心，这是产品政策效率和盈利能力的关键。该方法依赖于不同需求、备选方案、现有可重用组件等之间的功能和结构关系，从而在所有层级上实现最大限度的共性。

然后，使用预先定义的可重用部件（或"构建块"）。此时，这些部件由它们的功能描述来描述，并要确定是否可以借助所选部件提供的功能内容来创建全部或部分全局设计行为，该功能内容将取代最初设计的内容，并建立与需求分析的追溯和理由链接。

［示例］ 涉及悬架的功能可能来自多种车辆类型的通用平台（汽车制造商常常采用此方式）。此时，相关的逻辑架构功能将由平台中每个产品模型都重用的模型实现（类似于相关部件的重用）。

15.3.3.2 描述解决方案所需的行为

对应于一个或多个需要变体的能力和功能，有必要定义它们的行为共性和特性，以描述每个可选项和互斥项。为了整合可变性约束，需要验证每个逻辑功能的定义是否与系统需要分析产生的不同变体一致。

［示例］ 涉及减震、越野、运动模式及舒适性相关变体的功能，应相互适应或产生新的变体，这取决于可用的设计可能性。

根据系统分析得出的特征（如性能、功能、用户安全和经济方面的考虑），揭示不同解决方案的可能性，以提高客户满意度或预期性能。

［示例］ 先前的逻辑功能和相关功能链的分析得出了如表 15.13 所示的逻辑功能特征描述。

表 15.13 某些逻辑功能的特征

逻辑功能	特 征	合理性说明
牵引		
选择点火图 优化发动机油耗	点火模式互斥项：经济型 和赛车型	低消耗和高性能是不兼容的
提供功率和扭矩	发动机互斥项：经济型、 高扭矩型、扭矩及功率型	提供功率的需求因用途不同 而异
制动		
车轮制动	制动功率互斥项	运动驾驶有要求，但代价高昂

（续表）

逻辑功能	特　征	合理性说明
加速时防止车轮打滑	可选项	最重要的是性能需求
通过单轮制动控制动态稳定性	可选项	提高抓地力和制动性能，根据成本合理选择
变速箱		
驱动前轮	家庭版的基础	前轮驱动最易驾驶
驱动后轮	如果可以接受额外的设计成本，则为高档运动版的基础	运动驾驶更高效和更愉悦
接合/分离离合器 接合变速箱上的选定齿轮	基础、经济的机械变速箱 可选项：越野变速箱、标准自动变速箱、自动运动变速箱	自动变速箱响应运动和越野需要并在运动中快速变换速度
驱动前轮/后轮	两个互斥项：四轮驱动的运动或越野	需要不同的设计
锁定差速器	可选项，仅越野	增加牵引力，但昂贵且沉重
悬浮液		
抑制底盘与车轮的相对运动硬化/软化减震器	互斥项：舒适减震器、不可调或可调减震器	可调减震系统非常昂贵，但减震对抓地力和使用很关键
增加/减少减震器行程距离硬化/软化减震器	可调离地间隙与减震器可选项	如果减震器控制可用，则可用于高档版
通过单个悬架强度控制动态姿态	可选项	价格昂贵，但在转弯时可大大提高抓地力

此阶段不同的可选项和互斥项取决于可用的解决方案和当前的技术水平（如悬架的互斥项备选方案）。此外，不同可选项之间的潜在依赖性已开始显现，如在离地间隙/可调减震器和动态姿态控制之间。

这种分析也引出了新变体（或者不可能的变体），它们与所使用的技术、现有的可重用部件或设计、创新等的新想法相链接。

可重用部件集成在系统中时亦拥有可变性。

15.3.3.3　定义解决方案行为中的可变性

通过将不同的解决方案变体和相关可变点性质（可选项、互斥项等）形式化，由描述解决方案的功能分析特征构建解决方案架构的特征模型，并对不同选项和变体的关联、依赖和排斥条件进行形式化描述。

[**示例**]　从之前提到的逻辑功能以及特征分析中，我们可以来定义和构造车辆的特征模型，如下。

从逻辑功能的分析和特征中，可以根据技术标准（而非架构标准）定义和构建车辆的特征模型（见表15.14）。

表 15.14　解决方案特征模型（部分）

解决方案特征模型	模式	约束
• 发动机		
○ 功率		
150 CV（经济型）	互斥项	c
150 CV（扭矩型）	互斥项	
200 CV（扭矩+功率型）	互斥项	a、b、f
○ 点火		
经济	互斥项	
高性能	互斥项	
可切换	互斥项	
• 制动		
○ 刹车		
盘式制动器	互斥项	
通风盘式制动器	互斥项	f
双通风盘式制动器	互斥项	f
○ 防滑	可选项	
○ 动态稳定控制	可选项	
• 传动装置		
○ 四轮驱动		
✓ 两轮驱动	互斥项	
前驱	互斥项	
后驱	互斥项	a
✓ 四轮驱动	互斥项	
4×4 运动	互斥项	b
4×4 越野	互斥项	c、d、e
差速器锁	可选项	
○ 变速箱		
机械变速箱	互斥项	
标准自动变速箱	互斥项	

（续表）

解决方案特征模型	模式	约束
越野机械变速箱	互斥项	a、c、d
自动运动变速箱	互斥项	a、b
● 悬架		
○ 减震器		
标准	互斥项	
舒适	互斥项	
越野	互斥项	
运动	互斥项	
可调运动	互斥项	e
○ 可调离地间隙与减震器	可选项	e
○ 动态悬架控制	可选项	e
……		
约束（摘要）		
a	后轮驱动需配备最大功率和运动变速箱	
b	4×4运动需配备最大功率和运动变速箱	
c	扭矩不足时不可配备越野4×4	
d	越野4×4需配备相应变速箱	
e	可调地面间隙以及动态控制需要可调减震器	
f	强力发动机需要强力的刹车制动	
还有……	悬架、功率、4×4、重载以及刹车等	

模型顶层应尽可能支持总体变体，它的结构应支持理解和使用特征模型。

[示例]　对上述四轮驱动的差速器锁选项进行分组，而不是在属于不同分支的可变点之间创建依赖关系，因为差速器锁仅在四轮驱动的情况下可用。

也可以从运行和系统需要特征模型中，将满足相同类型需要（而不是特征模型的技术方向）的可变点分组，这减少了可能的变体和可变点的数量，简化了选择，还可以在不建立可变点之间链接的同时考虑基本变体之间的依赖关系。示例如表15.15所示。

表 15.15　互斥的解决方案特征模型示例（部分）

解决方案特征模型	模式	约束
抓地力		
标准型	互斥项	
标准减震器		
前轮两轮驱动		
增强型	互斥项	
运动减震器		
后轮两轮驱动		
动态稳定性控制		
最优型	互斥项	
可调运动减震器		
四轮驱动运动模式		
动态稳定性控制		
悬架动态稳定性控制		
……		

通过解决方案特征模型和系统需要特征模型之间的链接验证它们的一致性，并在后续影响分析中对其追踪；还可以在工程模型中使用系统需要分析和逻辑架构之间的其他链接，并验证它们之间的一致性。

同样，解决方案特征模型和工程模型之间的链接也在最初功能层级上建立，并支持分组功能、系统能力、功能链等，这些链接依赖于功能元素特征以及特征模型定义。通常，最简单的做法是沿着当前路径逐步构建它们，例如，在需要创建功能元素时创建一个可变点，并将它们相互链接。

［示例］　通过比较表 15.13 与表 15.15，很容易建立特征模型与功能模型之间的链接。

15.3.3.4　架构部件到可变性的适配

构成系统结构的部件用来调和功能性和非功能性约束，并确定每个部件的功能分析负责的部分。

［示例］　在逻辑层级上，所关注的车辆架构可以包括子系统部件（见图 15.4），举例如下。

（1）发动机。

（2）传动装置（子）系统。

（3）底盘和悬架系统。

（4）制动系统。

（5）车载电子设备。

（6）车身。

（7）座椅和乘客空间等。

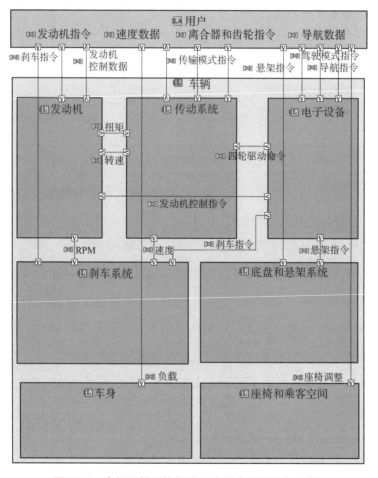

图 15.4　车辆逻辑架构部件（应用产品线约束之前）

相应的功能分配（来自已介绍的逻辑功能）如图 15.5 所示。

图 15.5　车辆逻辑架构的功能分配（应用产品线约束之前）

　　需要协调的视点是迄今为止开发的约束和可变性选择的充分性，目前它由该功能描述实现。部件范围和内容的定义应遵循某些规则或建议（但不绝对适用，因为其他更重要的视点可能使它们受到质疑）。例如，可以引用一些根据部件功能的可变性特征来约束部件范围的规则。

　　（1）部件不应混合一般性和普遍意义的功能以及特定于某个变体的功能。

　　（2）与独立变体或选项关联的功能不应分配到单个部件。

　　（3）与备选方案不同变体相关的功能应分配到不同的部件，同时需要定义所有部件的连接和交换，尤其是与之交互的通用部件。

　　（4）应尽可能在每个部件的边界处容纳可变性，从而避免部件内放置可变性导致其设计的可变性。

因此，将可变性应用于工程模型本身可能导致部件分解，从而分离出独立的可选项或互斥项；创建"总体"部件，以"封装"在单个共享接口中的各种备选方案；定义的冗余，以适应多个选项构型。

[示例]　按照产品线约束修改后的车辆架构如图15.6所示。产品线约束以如下方式修改部件（以与特征模型的链接为例）。

（1）发动机包括三个部件：发动机模块（根据功率和扭矩分为两个或三个变体，针对两种不同扭矩优化的单一模块在该层级上不可再分成两个）、点火控制模块，以及燃油消耗监测和控制模块。

（2）传动装置（子）系统包括前轴传动装置、两种后轴传动装置（越野和运动型）、四种变速箱和一个可选的四轮驱动命令。越野可选项同时适用于两个部件：后轴传动装置和四轮驱动指令。

（3）底盘和悬架系统包括五个部件：底盘（舒适型或运动型变体）、悬架（舒适型、运动型和可调运动型变体）、可调减震器调整（可选）、动态稳定性控制（可选）和离地间隙调整（可选）。

（4）制动系统包括刹车盘模块（标准盘式制动器、通风盘式制动器和双通风盘式制动器）、防滑模块（可选）、动态轨迹控制模块（可选）和必需但不在特征模型里的防抱死模块。根据架构分析，对于稳定性和轨迹的动态控制可以相互关联，从而提供了可以增强特征模型并基于架构考虑的选择。

（5）嵌入式电子设备或车载电子设备包括GPS导航模块（可选）、停车辅助模块（变体可选项：声呐或摄像头），以及作为可选项的驾驶模式选择器模块（经济型、运动型、4×4等）、自动座椅调节模块和自动停车模块。

（6）架构分析凸显出了不必出现在特征模型中的依赖关系：存在后视摄像头和GPS时必须配备屏幕，以确定相应选项和构型；同样，自动停车需要距离信息才能运行，它应该与声呐停车辅助变体辅助相关，而不与摄像头变体相关。

（7）车身拥有各种类型（轿跑、SUV、轿车、小型货车）。

（8）座位以及乘客空间方面会有如下可选项：类型（舒适型或运动型）、数量、电动调节（与车载电子部件有依赖性）。

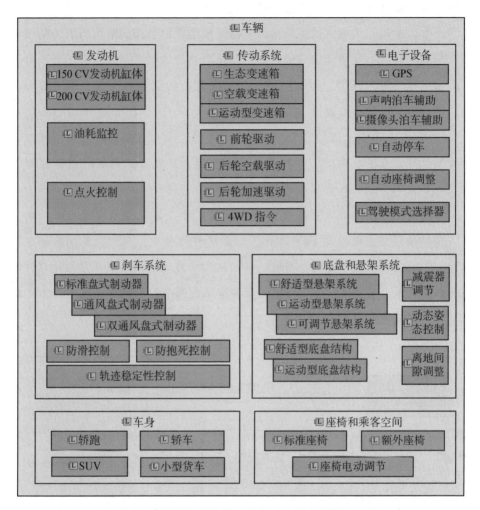

图 15.6　车辆逻辑架构的新分解（应用产品线约束后）

在部件分解约束之间找到合适权衡之后，应检查其特征。架构通常会减少可能的可选项和构型的范围，并在迭代过程中对它们进行调整。

由于与架构设计结果的矛盾，可能需要检查可变性假设：由其他视角施加的分组可能使某些可选项变得无用或无法实现，或者在它们之间创建了技术或架构依赖性。

在某些情况下，架构本身会在不同的可变点之间创建依赖关系。例如，当可变点的资源共享时，或者由一个可变点提供另一个可变点正常工作所需的输入时，将导致可选项分组形成单个可选项、可选项或变体的删除等，这通常会减少可变点或其依赖关系的数量，并简化其表达。

通常，所需的大量依赖关系将凸显特征模型难以反映的架构约束。明智的做法是询问是否不应审查选项的分解，以便更直接地对应架构约束。对于可变性的重组将会更为有用，因为它不仅会消除复杂约束和可变点之间的依赖关系，还会减少可变点的数量。

[示例]　有关点火的可变点涉及两个部件，点火控制以及燃油消耗监测和控制。可变点通过构型（如针对每种情况可下载或可选的点火图和控制策略）而不是部件互换性出现在两个部件中。

只有选择可调运动减震器（如动态控制）才能实现可调离地间隙与减震器，在特征模型中由约束（e）表示。但在工程模型中，很可能至少有一个功能和一个功能链说明了这两个功能，并凸显了功能之间以及操作它们的部件之间的依赖关系（见图15.7）。特征模型应演化出两个能关联这些能力而不是技术部件（将移除相关约束）的可选项。

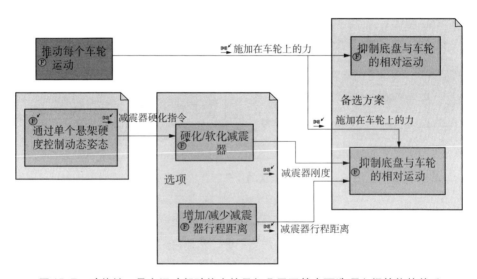

图15.7　功能链：具有运动驾驶能力的悬架凸显了基本可选项之间的依赖关系

更确切地说，考虑先前特征模型中凸显的多个架构约束（a到f），可以对其进行更大的重组，如表15.16所示（只关注机械平台元素）。它不依赖每个功能或部件的基本可变性，而依赖显示它们之间最大约束和依赖性的元素集。本示例即为与越野和运动能力相关并受许多约束和依赖关系影响的元素。

叶可变点的数量将会更加减少，但最重要的是依赖关系相较之前减少得更多，而特征模型也提供了更多针对可选项和互斥项的指导。当然，构型的数量和性质，包括参考构型的定义会更有限，但它们使用起来要简单得多。

表 15.16　备选解决方案特征模型（部分）的另一个示例

解决方案特征模型	模型	核心通用内容
● 4×4 越野		
○ 功率		越野机械变速箱
150 CV（扭矩）	互斥项	越野减震器
200 CV（扭矩+功率）	互斥项	四轮驱动，越野
○ 差速器锁	可选项	
● 运动		
○ 传动装置		
两轮驱动，后轮	互斥项	
四轮驱动，运动型	互斥项	
○ 刹车		
通风盘式制动器	互斥项	
双通风盘式制动器	互斥项	200 CV 发动机点火
○ 减震		性能
运动减震	互斥项	
可调运动减震	互斥项	
○ 可切换点火		
○ 可调离地间隙和减震器	可选项	
○ 动态悬架控制	可选项	
● 标准		
○ 功率		
150 CV（经济型）	互斥项	
200 CV	互斥项	
○ 减震		标准通风盘式制动器
标准型	互斥项	的两轮驱动（前轮）
舒适性	互斥项	
○ 变速箱		
机械变速箱	互斥项	
自动标准变速箱	互斥项	

（续表）

解决方案特征模型	模型	核心通用内容
• 制动		
○ 防车轮打滑	可选项	
○ 动态稳定性控制	可选项	
• 点火		
○ 经济	可选项	
○ 性能	可选项	
……		

然后，每个模型元素与承载的可变性相关的特征，应该从功能元素扩展或者"传播"到逻辑部件、行为部件和承载它们的结构化架构元素（主机屋物理部件、物理链接等），并完成和更新工程模型与可变性模型之间的链接。

最后，如果一个架构已经足够稳定（特别是当使用预先定义的可重用部件时），那么倾向于将功能的特性转移（而不是扩展）到部件，这可以简化对它们的管理，并在结构化部件层级修改、移动或完成解决方案特征模型和工程模型之间的链接。

15.3.3.5 定义用于产品构建的参考构型

标准参考构型形式化了产品及其架构的不同"范围"或"版本"的创建，这些"范围"或"版本"响应客户一开始定义的"目录"。

通过选择所需的可选项和互斥项，每个范围都根据定义的可变性及其特征构建。开发过程可以始于系统需要分析中形成的构型，并跟踪先前视角的追溯链接（特别是需求的追溯链接），从而获得创建产品构建构型时要考虑的最小可变点，其他从特定于架构和设计的可变性中进行的选择也会添加进来。在此阶段，一些选择可以不需要被解决并保持一定的开放性。

220

每个构型都应基于影响构型的不同视点（功能一致性、防护性、安全性、性能等）来分析和验证，还可能受经济性视点影响。例如，成本估计和可能利润（视点分析的主题）将与每个构型的轮廓绘制相关。

[示例] 来自上一个特征模型的参考构型在此定义，因为它简化了针对每个参考构型的选择（见表15.17）。

先前阶段识别的每种车型都定义了两种"目录"构型：轿跑（基本版和运动版）、SUV（基本版和越野版）和轿车（基本版和豪华版）。与先前特征模型类似，此处定义仅限于机械平台。

表 15.17　解决方案参考构型（部分）

解决方案特征模型	轿跑		SUV		轿车	
	基础	比赛	基础	越野	基础	豪华
● 4×4 越野	不适用	不适用	可选项	基础项	不适用	不适用
○ 功率						
150 CV（扭矩）	—	—	互斥项	基础项	—	—
200 CV（扭矩）	—	—	不适用	互斥项	—	—
差速器锁			可选项	基础项		
● 运动			不适用	不适用	不适用	可选项
○ 传动装置						不适用
后轮	基础项	基础项			—	—
四轮驱动		互斥项			—	—
○ 刹车						
通风盘式制动器	基础项	不适用	—	—	—	互斥项
双通风盘式制动器	互斥项	基础项	—	—	—	不适用
○ 减震器						
运动减震器	基础项	基础项	—	—	—	互斥项
可调运动减震器	互斥项	互斥项	—	—	—	不适用
○ 可切换点火	互斥项	基础项	—	—	—	可选项
○ 可调地面间隙与减震器	不适用	可选项	—	—	—	不适用
○ 动态悬架控制	不适用	可选项	—	—	—	不适用
● 标准	不适用	不适用				
○ 功率						
150 CV（经济）	—	—	基础项	—	基础项	不适用
200 CV	—	—	互斥项	—	互斥项	基础项
● 减震器						
标准	—	—	基础项	—	基础项	不适用
舒适	—	—	互斥项	—	互斥项	
● 变速箱						
机械变速箱	—	—	基础项		基础项	
自动标准变速箱	—	—			互斥项	互斥项

（续表）

	轿跑		SUV		轿车	
● 刹车					—	
○ 防车轮打滑	基础	基础	不适用	基础	不适用	基础
○ 动态稳定性控制	互斥项	基础	不适用	可选项	不适用	基础
● 点火					—	
○ 经济	—	—	不适用	不适用	可选项	基础
○ 高性能	—	—	不适用	可选项	不适用	可选项
……						

注：对于基础版的SUV，越野选项无法配备自动变速箱

15.3.3.6 特征模型与工程模型的一致性验证

特征模型和工程模型之间的一致性验证在两个层级上进行：可变性树与完整模型及每个参考构型的对比，这发生在运行分析和系统需要分析的条件中。

15.3.4 用消减法推导给定客户或产品的构型

到目前为止，该方法还没有从根本上影响工程模型（描述产品线架构）的结构方式、模型中不同的变体和可选项的共存性或者每个客户的产品模型是如何形成的。

最自然的方法是在同一模型中描述一组变体，从而产生包含所有可能变体的产品线模型（称为域模型）。为了满足给定的客户需求，将根据特征模型中定义的相应构型，通过"过滤"（选择/移除域模型的元素）创建一个专用于此项目的模型（项目模型），此操作称为构型派生。

它也称为消减法，即150%的方法，域模型包含比项目模型更多的元素（见图15.8）。

消减法的一个变体是参数化方法，它通过"构型"部件（通过为预定义参数选择适当的值来修改其行为或使用）来表示它的多个变体。例如，软件可以构型为新手或专家模式，机械系统可以停止适应其环境或用途，这些参数可以在产品的设计、安装或使用过程中选择。所使用的方法取决于实现上下文和技术。例如，静态参数化以属性的形式描述系统模型中的部件，而对于证明

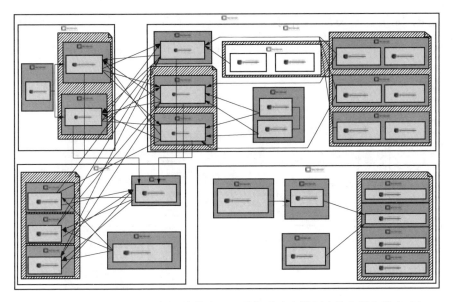

图 15.8 150%模型机械部分的节选（阴影部分为在模型中共存的备选方案）

其合理性的复杂部件，可以通过定义实现过程中部件的不同功能模式来实现，然后根据预期行为，在使用它们的项目中的一个或多个特定模式中配置。

消减法的优点是通过域模型中的构造集成每个变体，推导过程简单且由最初的 150% 模型引导。另一方面，域模型的形成和使用是复杂的，特别是在变量重叠的情况下（例如，部件或其接口的两个备选方案应该共存，并连接到其他单个部件的情况）。

当专用项目框架出现了新客户导致的新需要时，原则上的方法如下。

（1）针对新需要进行运行分析和系统需要分析。在与客户讨论的过程中，尽可能使客户需要与域模型中定义的产品线需要一致。

（2）将上述分析与（域模型）产品线的运行分析和系统需要分析对比，以确定现有产品线与新客户需要之间的偏差。

（3）对于产品线所涵盖的需要，可从特征模型中获得客户构型，选择适合其需要的变体，并获得一个作为继续其工程的基础的项目工程模型，然后合并域和项目的初始需要分析，形成项目的参考分析（见图 15.9）。

（4）产品线未涵盖的需要，及其特定补充，将随着项目工程模型的演化逐渐被考虑，最后研究产品线中重用特定补充的可能性（见第 15 章 15.4 节）。

（5）如果偏差太大，则应保留属于项目的系统需要分析，并且只重用由域模型产生的架构部分，该部分将通过常规的追溯和理由链接链接到项目的需要分析。

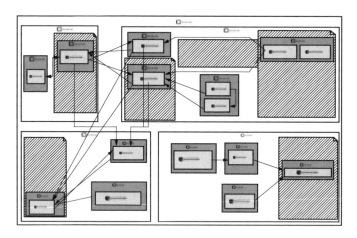

图 15.9　高级运动构型的机械部分（阴影部分为所选元素的备选方案）

实际上，开发周期必然不是独立或单向的，它们经常混合在一起，项目模型将成为一个并行发展的域引用模型。类似地，也会存在一种通过重用构建块来实现的消减法（见下文）。

15.4　通过构建块进行的相加或组合化工程

15.4.1　使用可重用部件、构建块进行的工程

另一种实现产品线的方法，即在给定项目之前定义可重用部件（称为"构建块"），然后通过组装可重用部件（称为"为重用而构建"）来构建每个客户或项目所需的解决方案。因此，域模型包含构建块及其组装规则的描述，响应给定需要的构建块将被选择并组装。

这被称之为相加法（或 50% 的方法、80% 的方法），此时的域模型是项目模型的子集。

相加法的优点是域模型的简单性，甚至可以有多个域模型且分布在多个组

织中。一方面，如果很好选择部件、逐渐使之非常稳定并且完全满足通常需要，那么该方法比消减性方法更好且操作简单。另一方面，它的派生过程也更为复杂，相加法通常缺乏域模型指导，超越了相互通信的部件之间的本地组装规则，也很难设想所有可能构型并验证它们。最后，在这种情况下，很少有对运行和系统需要的全局统一视图，这会削弱早期的需要分析，并影响客户需要的充分性。

15.4.2 构建可重用部件的基础

这种方法旨在专门构建部件，以期在大量项目中重用它们（通常称为"为重用而构建"）。

重用部件的选择可以是机会主义的，这得益于特定的项目（项目中的部件更具有通用性）。此时，从项目模型中提取对部件及其环境的描述，以简化重用。通过分析该模型，该部件对其环境的依赖性将得到验证，从而引发对部件内容和边界的检查，导致从相邻部件或其外部接口添加元素，其非功能属性也应被考虑并加以利用，如其资源消耗、重要程度和认证级别等。

重用部件的选择也可以是谨慎和主动的，即使用合适方法构建一个专用于可重用部件的工程。此时，通常将首个用户项目的约束包含在部件定义中，这意味着要进行"多客户"工程（用户项目即部件工程的客户），类似于建立产品线：比较运行和功能性需要，寻求最大共享元件，定义满足不同需要的行为并联合它们。若项目足够相似，则可以采用共享的解决方案，否则有必要考虑应用于部件的产品线方法。

对于所有情况，都应至少构建一个专用于部件自身工程的模型以及一个用于集成到系统模型并将此部件包含在其架构中的模型。

部件的工程模型（以及相关工程数据）将至少包括以下内容。

（1）该部件响应的运行和系统需要。

（2）部件的环境：与之通信的部件、相关的协议和场景、必要的主机部件。

（3）部件的逻辑和物理架构，包括非功能维度：所需资源、性能、安全或认证等级、可能的设置和参数化等。

（4）与部件、测试活动和证明、相关文档、支持合理性的文件（可靠性、安全性等）、可能的用户手册等相关的需求主体（见第9章）。

部件的集成模型是一种"框架勾勒"，是具有更粗颗粒度的简化版本，因为它打算插入到总体系统模型中，其层级刚好满足系统工程的决策。该模型可以限制在物理或逻辑架构，但也可以提供运行或需要分析的元素，这些元素必须添加系统级有意义的其他工程产物（需求、测试、可能的部件特征模型等）。

如果大量可重用部件存在于单一上下文中，全局域模型将变得十分有用。该模型类似于消减法中提到的域模型，包括描述使用部件主要情况的运行分析和系统需要分析以及描述部件的条件和组装规则的逻辑和物理架构，从而实现它们的全局性（而不仅仅适用于单独分离的重用）。

15.4.3　通过在相加法中重用部件来定义构型

使用单独部件相加法的潜在困难之一涉及验证客户需求的充分性。为了解决这一点，ARCADIA 建议在项目模型中基于不同的视角来说明需要和解决方案。

（1）运行分析和系统需要分析捕获项目应响应的客户需要。

（2）逻辑架构将架构师所需的架构形式化并最好地满足需要。将该架构与可重用部件模型进行比较，即可识别项目中集成的候选部件。

（3）物理架构最初是可重用部件组装以形成一致架构的地方。例如，在可重用部件的接口兼容但不完全相同时，需要开发他们之间的相应适配器。基于非功能视点的一致性也应得到验证。

（4）将初始物理架构与项目逻辑架构进行比较，以验证它响应良好（至少部分良好）。追溯和理由链接形式化了其充分性。只要它们仍然符合项目的需求分析，就可以在它们之间进行演变。

（5）物理架构在最后仅仅是有可能实现，因为重用部件没有涵盖所有功能，此时可以发现将来重用新部件的可能性。

注意： 如果部件不是在内部开发而是在市场上购买的，因为它的功能是不可知的，所以会倾向于不对它建模或不基于功能性内容建模，但恰恰相反，强烈建议采用与其他部件相同的方式对该部件建模。事实上，一旦部件与其他部件交互并有助于满足全局需要，就必须分析部件的功能、接口和非功能特性。

15.5 衔接系统和子系统产品线

此处只简单地提及基于模型的产品线的系统/子系统衔接的一些特性，而不详细介绍相关的细节。

首先考虑自上而下的方法，即由系统工程单独指定子系统应该遵循哪些可变性。

在系统级执行的方法支持大于等于子系统部件颗粒度上的可变性，通过选择完整部件来构建目标构型就足以简化产品线管理，并且不会对子系统部件施加该性质的约束。这些完整部件不受任何可变性约束，并且总以相同的方式和内容进行使用。

如果这还不够，那么以下阶段将采用前文提及的参数化方法。此时，子系统模型接收所需参数（以属性的形式）或其运行过程中施加的功能模式。

如果可变性应用于比部件更细的颗粒度，那么在系统级定义的可变性也需应用于子系统级。应在提供子系统需要模型、需求和其他工程产物的同时，为其提供仅限于所涉及子系统部件的系统特征模型摘要，此摘要将链接到子系统的需要模型以及与系统级存在的链接相同的产物上。

当子系统先于系统存在（特别是在应用相加法时），且当它具有可变性时，也可以考虑几种潜在情况。

子系统应定义一些适应其不同用途的标准构型，此时系统工程在其支持下仅选择正确的"即用型"构型。

如果系统的产品政策要求能够将可变性扩展到子系统（例如，由于需要提供子系统的多个版本，或者由于与其他子系统依赖关系需要它），那么子系统定义的特征模型应嵌入到系统特征模型中。与可重用部件一样，子系统工程可以向上层发送该特征模型的简化（"框架勾勒"）版本，以降低其复杂性并简化系统构型的定义。

在相加法中，可以通过组合重用部件的可变性来构建特征模型和/或系统级构型，其假设了可组合的、潜在层次化的特征模型等。与工程模型一样，这些特征模型与依赖性、追溯和理由链接相匹配。

15.6 总结

一个好的产品政策旨在充分理解市场细分和用户对其特殊性和可变性的预期，并通过最大化重用部件数量以及最小化特定开发来建立一个对其作出响应的架构。

从工程角度看，ARCADIA 模型很有效地促进了该目标的实现。在该方法的每个视角上，都能识别属于产品线工程的活动，它们可以对需要及其可变性进行分析，有助于定义适当的产品目录，形成充分且有效响应这些可变性的产品架构，并有助于简化其定义与管理。

本章建议的方法既适用于自上而下的产品需要定义，也适用于消减法（通过从完整的产品定义中选择），还适用于自底向上的组装现有可重用部件的方法（通过组合）。

16 ARCADIA 建模语言简介

接下来的章节将以"百科全书"的形式，介绍应用 ARCADIA 方法论建模所需的主要概念，以及它们之间的关系。

［示例］　读者也可以查阅本书前几章节给出的示例。

16.1　问题边界

ARCADIA 定义的建模语言重点关注该方法的应用领域，因此涉及系统、软件和硬件架构的详细功能和结构定义。

选择的某些概念和形式化方法可能与各种建模语言呈现出不同程度的语义相似性（引用了架构框架如 NAF［NAT 07］、UML 软件语言［OBJ 15a］及其对系统描述的适应性，以及 SysML 语言［OBJ 15b］和用于系统架构描述的 AADL 语言［FEI 06］）。ARCADIA 概念需要自行理解，没有借鉴文献或当前技术中的类似概念。事实上，为了使工程师易于采用这种语言，并尽可能降低模型使用和构建的复杂性，这些概念保留了自身的含义和语义。该语义通常比文献中更简单，适用于上述架构构建方法，而且从使用角度来看，该含义是不可知的，以适应最大的应用范围。

类似地，所使用的图表和示例类型有时与上述语言呈现的类型类似，它们被简化或调整，从而更好地满足语言使用领域，从而简化系统工程师的使用。

在给定的上下文中，通常只需要部分概念，这主要取决于以下因素。

（1）关注的领域和工程层级（复杂系统、设备、软件、机电部件等）。

（2）关注的 ARCADIA 视角（运行分析、系统需要分析、逻辑架构、物理架构、产品构建策略）。

（3）要应对的主要工程挑战（管理接口、性能、安全性、集成验证和确认等）。

（4）产品复杂性和工程团队的规模。

（5）鉴定/认证和研制保证等级。

此外，模型描述的详细程度应以建模工作的投资回报为条件：如只详细描述系统新的或关键的部分，或那些需要验证的部分。

最后需要注意的是，以下介绍的概念是针对一般建模的，不包括ARCADIA支持的专业视点所要求的特定概念（如性能、成本、安全性等），也不包括任何属于特定领域或产品的概念（如果有需要，应该前后一致地添加这些概念）。

16.2　提出这些概念背后的逻辑

由于该语言的大部分概念都独立于任何视角，因此它们都适用于多个ARCADIA视角。

首先是功能性描述概念（涉及状态和模式）；其次是结构性概念，以及二者之间的链接；最后是涉及数据和交换内容的概念，以及它们与模型其余部分的链接。

第23章特别描述了ARCADIA模型的结构和一些附加概念，并特别指出了每个视角对适当概念的使用（第23章23.3节）。

16.3　图表使用惯例

以下两种图说明了概念定义。

示意图表示符合所解释概念的模型元素的示例（示意图元素是功能、部件、接口、交换等的示例）。

然而，为了方便起见，该方法定义的颜色代码，也用于描述本书第一部分示例模型的图表中：

——功能为绿色，功能接口为红色或绿色，运行活动为橙色；

——运行实体为灰褐色；

——行为部件为蓝色，接口为白色；

——主机物理部件及其物理接口为黄色；

——状态和模式、数据、交换项和接口为灰色。

用于描述概念的形式化图表（使用惯用表示法表示），通常称为"元模型"：图形元素描述通用类型（概念），如功能、部件等概念，其中模型中的元素将是实例或示例（模型元素可以一个功能或一个部件等）。

（1）每个概念都由一个圆角矩形表示，矩形上部分概念的名称下面有一条水平线。

（2）箭头表示两个概念之间的关系链接，从源概念指向目标概念，箭头方向表示源端到目标端（原则上不可逆）。

（3）关系标识符通常是一个动词，从源端指向目标端的链接读作"'源''动词''目标'"。

例如："'功能链''描述''系统能力'"，意思是："任何系统能力都由[一个或多个]功能链描述"。

一个关系中，工作的源端元素或目标端元素的数量，由关系两端括号中的符号表示（称为基数）。

（1）若在关系的末尾缺少任何基数，表示在每个关系中只有一个这种类型的元素起作用。

（2）一个值表示所需元素的确切数量（［2］表示正好两个元素）。

（3）星号［*］表示任何数量的元素，或表示无元素（在这种情况下，没有关系存在）。

（4）两个值表示值的范围：［2…6］表示 2 到 6 的元素；［1…*］表示至少有一个元素。

例如，关系"A→［*］B"表示一个 A 类型的元素可以链接到任意数量的 B 类型元素，或者不链接到任何 B 类型元素，一个 B 类型元素应链接到有且仅有一个类型 A 元素。关系"功能［0…1］→［*］功能"（具有相同的源端和目标端概念的关系，称为功能），表示一个功能可以有任意数量的子功能（或无），但一个功能只能有一个母功能（或无）。

连接关系结尾处填充的黑色菱形表示源端是由目标端组成的，因此如果源端被删除，那么目标端也将被删除。

这些概念是根据上面的颜色代码着色的：绿色代表功能；蓝色代表结构化行为；黄色代表结构化的物理主机；灰褐色代表结构化的运行；灰色代表状态和模式、数据、交换和接口项。

17 功能描述和运行描述的概念

17.1 功能描述的概念和关系

图 17.1 和图 17.2 表示使用的主要概念及其相互关系。

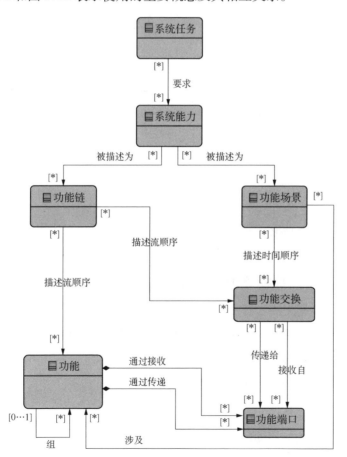

图 17.1 功能描述中的概念和关系

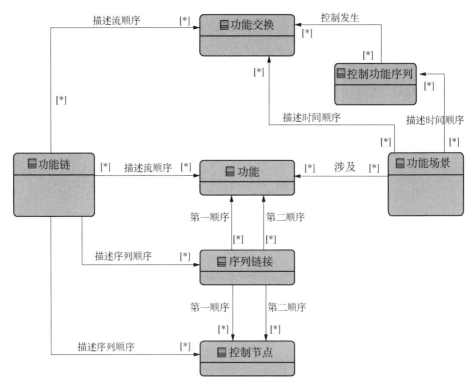

图 17.2　描述功能链和场景的补充概念

17.2　功能

功能是由系统或它的一个部件或与系统交换的参与者执行的动作、操作或服务。

执行一个功能通常会产生其他功能预期的交换项，为此，它需要其他功能提供的其他交换项。

多个功能可以组合为一个母功能（它们即为该母功能的子功能），一个功能也可以被细化为多个功能。功能分组并不是一种很强的结构分解关系，仅构成用于记录的综合表示。通常，最终模型中只有叶功能（没有子功能）引用并包含预期的功能描述。

按照惯例，功能用动词命名。

17.3　功能端口

功能与其环境中的其他功能在功能端口处进行交换，每个功能端口都有一个方向，它可以是输入端口，也可以是输出端口。

每个输出端口都指定该功能能够生成的特定交换项，并在端口上附加特定的服务质量（性能、精度、供应频率、数据保密级别、物理参数等）。

每个输入端口都指定该功能在相同的条件下所需要的特定类型交换项。

因此，功能端口有助于定义每次使用时都应遵守的"用户手册"功能。这有助于功能的独立定义，即使某功能端口未链接到其他功能，也可使其在多个上下文中重用而不产生歧义。

17.4　功能交换和交换类别

功能交换是源功能和目标功能之间可能的交换，分别通过它们的输入/输出端口传输交换项。

定向的功能交换：将单个输出端口链接到单个输入端口。

功能交换只表示两个功能之间可能的功能依赖关系：源功能提供交换项，目标功能可从该源功能接收并在给定的上下文中使用（或不使用）它们。

功能交换应该表示它所链接的功能之间的真实通信或交换，不应该与纯粹的序列链接相混淆，后者表示执行两个功能时的优先顺序。

交换分组（用于综合或组织）由交换类别的概念表示，类别表示一组语义（内容、用法等方面）上接近的交换，类别可以结构化为树，一组交换也可以与一个或多个类别和（或）子类别关联。

17.5　功能和功能交换的综合表示法

如上所述，功能分组只是功能的一种用于记录的综合表示，最终模型中的交换只链接叶功能，即只有叶功能包含端口。一方面，为了避免模型出现模糊或不精确的地方，如两个母功能通过一个交换链接链接在一起时，无法表明应涉及哪些子功能[①]；另一方面，为了避免在功能及其子功能中定义的交换之间出现冗余或不一致，以使模型适应各种功能分析方法，如第4章所述。

更为综合地可视化表示功能及其交换是很有用的。功能端口和功能交换只分配给模型的叶功能，以下规则支持构建"自动"综合。

（1）首先通过选择一组母功能（或"祖先"功能，而非叶功能）来定义综合层级。

（2）如果表示一个母功能（而不是它的子功能），那么分配到母功能的子功能端口和交换也应该被表示。

（3）为了综合一组属于同一类别的交换，只要它们在所考虑的综合层级上具有相同的源功能和目标功能，即可用单个综合交换取代它们。综合输入/输出端口也被表示。

在图17.3中，功能为浅灰色，输出端口为黑色，输入端口为深灰色，放置于功能之中的功能是其子功能。

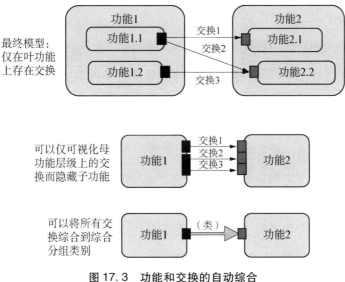

图17.3　功能和交换的自动综合

---

① 另一种可能的解决方案，基于功能端口之间可能的委托链接，这会使创建和更改模型变得困难和昂贵：移动子功能时必须修改所有链接，且原则上禁止子功能之间的直接链接等。

17.6　数据流及其控制功能

数据流通过连接到功能端口的功能交换来描述功能之间的依赖性。

当多个交换到达一个功能的同一输入端口时，表示交换以完全独立且不相互关联的方式将元素传递（或不传递）到该功能，这可能是并行的、连续的或仅来自其中一个源功能等，每次它都包含一个不同于先前的新交换项（先验方式）。

当多个交换离开一个功能的同一输出端口时，表示该功能可能向多个目标功能提供相同类型的交换项，它同样有一种完全独立且不相关联的先验方式：对单个交换项是否同时到达多个目标功能不做假设。

如果一个功能应该提供单一类型的交换项，从它本身视点看各个目标功能没有区别，那么它将提供单一输出端口，几个功能交换将从该端口向用户功能（它不指定启动交换的功能或其条件）转移。如果它需要区分多个发送（每个发送都具有不同的服务质量，或者接收者对功能有不同的处理），这些发送将由该功能的多个输出端口来表示。

如果一个功能接收到一组包含相同类型交换项的交换，那么默认情况下，每个关联的输入交换都将到达该功能的同一输入端口。当功能应根据输入源对输入进行不同的处理时，或者每个输入需要不同的服务质量时，将定义多个而不是单个端口。

但在某些情况下，需要由数据流控制功能指定更精确的路由条件，数据流控制功能是源和接收者之间负责控制交换条件的中介。

（1）若源交换需同时扩散到多个接收者，则定义一个复制功能，将相同的交换项传输给所有接收者。

（2）若某些交换项需要向每个所选的接收者同时扩散，则定义一个分割功能，将每个部分传输到单个接收者。

（3）若要在多个潜在接收者中指定一个接收者，则定义一个路由功能，只将接收到的部分交换项传输到每个接收者（通常视情况而定）。

（4）若要指定来自不同源的多个交换项的组合，则定义一个汇聚功能，可将来自不同源的交换项组合为单个交换项。

（5）若要在多个源中指定选择一个源，则定义一个选择功能，只指定来自所选源的元素（通常受条件限制）。

根据上述规则，数据流控制功能（见图 17.4）仅用于控制数据路由，其他情况，如处理自己的数据、修改交换项内容、附加输出等，最好使用普通功能。

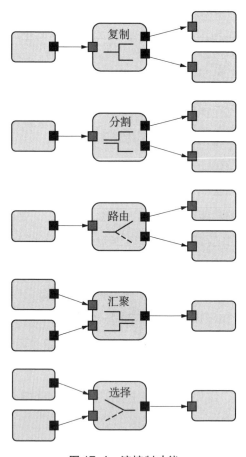

图 17.4　流控制功能

仅有单个条件与每个路由或汇聚功能相关联，以确定要追踪的流，它可以通过布尔表达式（真或假）的逻辑组合并基于如下内容定义。

（1）主要由汇入交换（或输入端口）传输的交换项内容。

（2）激活的模式或状态。

（3）功能属性。

为遍历控制功能的每个可能路径，需定义不同的条件值，并为每个值选择单个路径（先验方式）。

17.7 系统任务

任务是系统应该实现的高层级目标。为了完成任务，一个任务应该使用大量系统功能（重组为一个或多个系统能力）。

一个任务可以分解成范围更有限的子任务。

17.8 系统能力

系统能力是指系统提供的有助于完成一个或多个任务的预期服务能力。

系统能力介绍了系统使用的上下文，它由所引用的一组功能链和场景描述。这些功能链和场景更准确地描述了对其有贡献的系统功能的执行条件，一个能力也可以引用一个对它有贡献的功能。

一个能力可以使用一个或多个它将引用的其他能力。

17.9 功能链

功能链是功能和链接它们的功能交换的一组有序引用，描述了构成数据流的所有路径中的单个可能路径。

功能链用于描述系统行为（对一个或多个系统功能做出贡献）执行的特定上下文，并指定此路径上的非功能性预期（链的开始和结束之间的延迟、服务质量、关键等级、与可怕事件的关联等）。

每个对功能或功能链内交换的引用都可以通过功能链上下文中的预期（如交换项或功能属性应采用的值）来限定。

如果功能链由端到端（延迟等）传输数据，此时应定义一些解释约定，例如，只允许单个功能作为功能链的开始或结束。

功能链还可以通过定向序列链接指定优先级的约束或预期，两个功能之间的序列链接（在功能引用之间）表示源功能应该在目标功能之前运行（至少在该功能链的上下文中）。一组功能和序列链接构成了一个序列。

控制节点可以在序列链接之间定义，以表示多个功能序列之间的并行性或可选性，也可表示要实现序列的迭代或条件。

在图 17.5 中，实线箭头是功能交换（附在功能端口上），虚线箭头是序列链接，无底色框是控制节点。

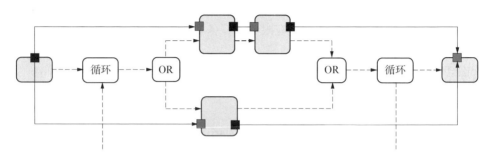

图 17.5　具有控制节点的功能链

警告：如果两个功能分配给两个不同的系统部件，则不应对这些功能之间的优先顺序进行假设，除非它们之间的功能交换带有此约束。如果只使用一个序列链接，基于功能交换的部件之间的接口定义中将不会出现任何内容，从而无法确保预期的优先级。

如果功能在功能链中出现多次，那么每次出现时都应定义一个不同的功能引用（除非是正确标识每个贡献的明确循环）。

功能链也可以由多个功能链的组成或组装来定义。两个功能链可采用三种装配方式（见图 17.6）。

（1）通过它们功能之间存在的交换链接。在这种情况下，复合功能链定义了对两个功能链的两个引用（而不是对两个功能的引用），以及对它们之间所选交换的引用。

（2）通过用于连接它们的序列链接链接。在这种情况下，复合功能链定义了对两个功能链以及序列链接的两个引用（而不是对两个功能的引用）。

（3）通过一个共同的功能链接（如一个功能的最终功能和另一个功能的初始功能）。在这种情况下，复合功能链定义了提及功能链及其共同功能的单个引用（而不是对单个功能的引用）。

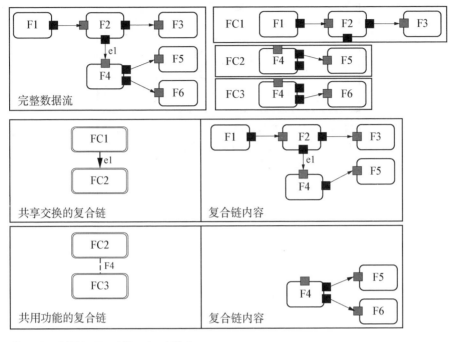

注：FC—功能链；F—功能；e1—交换 1

图 17.6　复合功能链

17.10　功能场景

功能场景是一个时序的动态流，位于实现能力的上下文中，不同功能之间交换的时间轴上（通常从上到下垂直）。

一个场景由一组对功能的引用和链接它们的功能交换组成，但与功能链不同的是，这些交换（实际上是它们的引用）是在单个时间轴上相对排列的（见图 17.7）。

每个在场景中实现功能或交换的引用都可以由场景上下文中的特定预期（如交换项或功能属性应采用的值）来限定。

控制序列可以定义为有时间限制的区域（因此是垂直的），以表示多个交换序列之间的并行性或交替性，或者表示交换序列的迭代或条件。

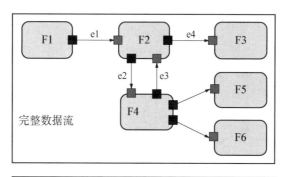

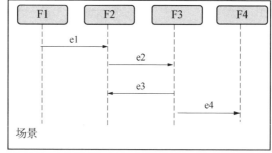

注：F—功能；e—交换

图 17.7　功能场景

类似于功能链，场景描述了特定使用上下文中的系统行为，以促进系统功能的实现。

一个场景可以使用在其他地方定义的"子场景"，其形式是在时间轴上的两个连续交换之间插入一个引用。

17.11　编排

功能链或场景描述了在给定上下文的部分系统使用（如实现一个能力）。为了在给定时刻指定完整的系统使用上下文，使用编排的概念。

编排即为功能链或场景的顺序，表示它们之间的并行性条件，以及某些元素之间的时间优先级。

编排由一组对功能链和场景的引用以及属于其中两个功能或交换之间的优先级链接定义（见图 17.8）。

优先级链接指定一个源和一个目标，每个源和目标由对功能链或所选场景

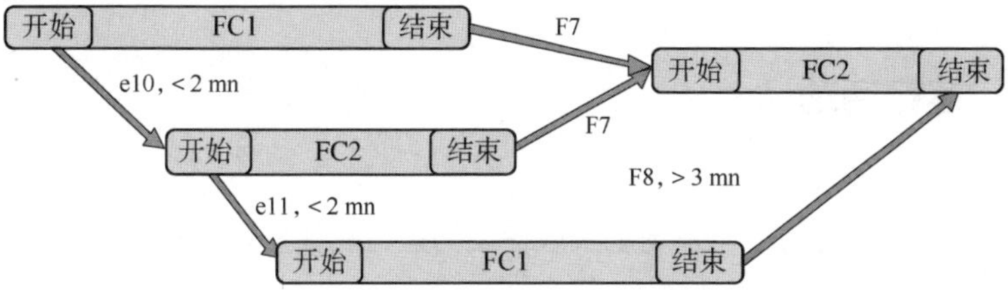

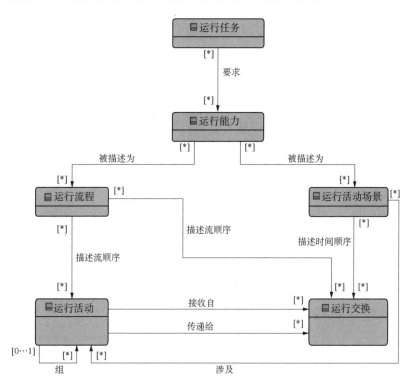

注：F7—功能 7；e10，<2 mn—交换 10，小于 2 分钟；e11，<2 mn—交换 11，小于
2 分钟；F8，>3 mn—功能 8，大于 3 分钟；FC—功能链

图 17.8　功能链或场景的编排

以及对功能或交换的引用形成，它还可以指定时间约束（两个元素出现之间
的最短或最长时间）。

17.12　运行分析中的概念和功能关系

尽管有点简化，但是运行分析视角使用了与上述功能分析非常相似的概
念，它们之间在性质、合理性和生命周期上存在差异（见图 17.9）。

图 17.9　运行分析的功能部分所涉及的概念及关系

17.13　运行活动

运行活动是由可能影响系统定义或使用的运行实体实现的动作、操作或服务。

实现一个运行活动通常会产生其他活动期望的交换元素，同时也需要由其他活动提供元素。

几个活动可以组合为一个母活动（它们即为该母活动的子活动），一个活动也可以细化为多个活动。

运行活动的概念共享功能概念的大部分属性，尽管它涉及不同的视角（运行分析），但对端口的使用除外，运行活动没有端口。

按照惯例，活动以动词形式命名。

17.14　运行交换

运行交换以由交换传递元素的形式，表示两个运行活动（交换的源和目标）之间可能的依赖关系。

定向的运行交换：将单个源活动链接到单个目标活动。

运行交换的概念共享功能交换概念的大部分属性，尽管它涉及不同的视角（运行分析），但对端口的使用除外，运行交换没有端口。

17.15　运行任务

运行任务是一个或多个运行实体应该实现的高级目标，它可能影响系统定义或使用。为了完成任务，一个任务应该使用大量运行活动（重组为一个或多个运行能力）。

17.16　运行能力

运行能力是指一个或多个运行实体提供的有助于完成一个或多个运行任务

的预期服务能力。

运行能力介绍了完成部分任务的上下文，它由所引用的一组运行过程和场景描述，这些运行过程和场景更准确地描述了对其有贡献的运行活动的执行条件。

17.17　运行过程

运行过程是运行活动和链接它们的交换的一组有序引用，描述了构成运行分析数据流路径中的单个可能路径。

运行过程用于描述运行活动（对一个或多个运行能力做出贡献）执行的特定上下文。

运行过程的概念类似于功能链的概念，其他方面的描述也类似。

17.18　运行活动场景

运行活动场景是一个时序的动态流，位于实现能力的上下文中，不同运行活动之间交换的时间轴上（通常从上到下垂直）。

一个场景由一组对运行活动的引用和链接它们的交换组成，但与运行过程不同的是，这些交换（实际上是它们的引用）是在单个时间轴上相对排列的。

运行活动场景的概念类似于功能场景的概念，其他方面的描述也类似。

18 状态和模式的概念

18.1 状态和模式涉及的概念和关系

图 18.1 表示状态和模式的主要概念及其关系。

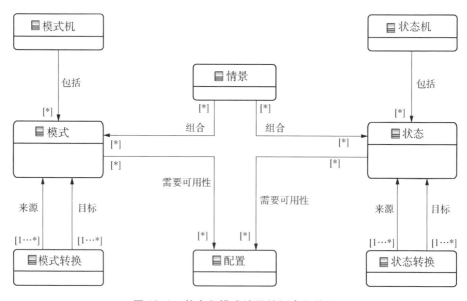

图 18.1 状态和模式涉及的概念和关系

18.2 模式

模式是系统、部件、参与者或运行实体在某些选定条件下的预期行为。模式可被分解为子模式。

模式由至少一种或多种构型描述。

模式还可以表示一个功能（或运行分析中的活动）生效，或者表示有功能交换发生，一般特指系统进入、退出或者正处于该模式的时候。

18.3　状态

状态是系统、部件、参与者或运行实体在某些环境施加的条件下所表现出来的行为。

状态可以分解为子状态。

状态根据至少一种或多种构型归类。

状态还可以表示一个功能（或运行分析中的活动）生效，或者有功能交换发生，一般特指系统进入、退出或者正处于该状态的时候。

18.4　转换

转换是模式或状态之间的转变（分别称为转换源和转换目标）。

转换有如下特征。

（1）触发转换的事件，主要包括功能交换（或运行交互）、功能生效，也可以是场景（参见场景定义）中模式或状态转换目标的更改。

（2）转换生效时需要满足门限值，该值是基于模型状态的布尔表达式（真或假）的逻辑组合（如功能或交换的属性、交换数据的值）。

（3）效能，即功能或功能交换的生效。

转换的生效可以在场景（参见场景章节）中表示。

18.5　模式/状态机

模式机（或状态机）是通过转换相互链接的模式（或状态）的集合，模式和状态不能在同一集合中共存（见图18.2）。

在给定的时刻，每个集合中只有一个模式或状态（称为"当前"模式或状态）处于激活状态。

一个或多个集合可以与系统、部件、参与者或运行实体的特性相关联，此时每个集合中的当前模式和状态在给定的时刻共存。

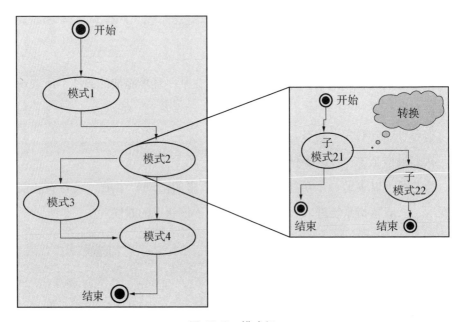

图 18.2　模式机

18.6　构型

构型是一组在给定上下文中全局可用或不可用的模型项，此处的上下文可以是激活的模式或状态。

构型可以与系统、部件、参与者或运行实体相关联。

18.7　情景

情景是由布尔运算符（"与""或""非"）连接的状态和模式的组合，表示状态和模式在给定时刻所处的状态。

情景中涉及的状态和模式可以属于不同的元素（系统、多个部件、参与者等）。

情景的生效和时间连续性可以用部件场景来表示（见部件场景章节），此时情景需要通过所有状态和模式处于其中的元素的生命线来表示。

19 结构化描述的概念

19.1 结构化描述的概念和关系

图 19.1 表示所用的主要概念及其关系。

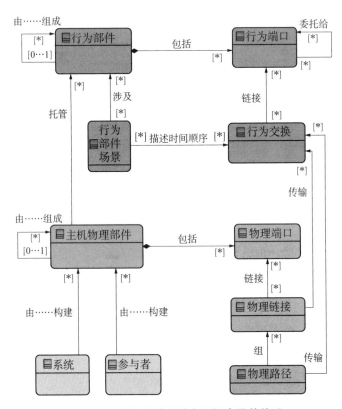

图 19.1 结构化描述的主要概念及其关系

19.2 系统

系统是一组整体运行的有序元素集，响应客户和用户的要求和需要，属于ARCADIA 支持的工程范畴。

19.3 参与者

参与者是系统外部的实体（人类或非人类），通过接口与系统实现交互。

19.4 部件

部件是系统的组成部分，各个部件相互协同，部件也与外部参与元素相互协同，从而完善系统的行为和/或属性。

部件可以分解为子部件。

概括地说，部件还可以分配给参与者，以定义其与系统或其他参与者的交互和连接。

19.5 行为部件

行为部件是一个系统部件，它通过与其他行为部件和外部参与者交互，负责执行一些移交给系统的功能。

19.6 行为端口

部件与环境中的其他部件或参与者在行为端口进行交互，行为端口有三种方向类型：输入、输出和双向端口。

行为端口可以具有特定的服务属性（性能、精度、供电频率、数据保密级别、物理参数等）。

因此，行为端口有助于定义每次使用时都应遵守的"用户手册"功能。这有助于功能的独立定义，即使某行为端口未链接到其他功能，也可使其在多个上下文中重用而不产生歧义。

（父）部件的行为端口应该通过委托链接代理给其中一个（子）部件的行为端口。

19.7 行为交换

行为交换是指源行为部件和目标行为部件之间可能存在的交互，通过端口传输交换项。

行为交换将源部件的单个端口链接到目标部件的单个端口。这种交换行为也是定向的，它的方向通常为部件之间的依赖方向以及交换中涉及的主要数据的传输方向（见图 19.2）。

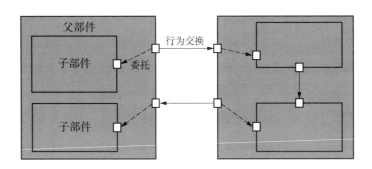

图 19.2　行为部件、端口、交换和委托

如果行为部件（父）被分解，建议只在该部件外部的端口上进行交换，而不在其子部件（子）的端口上进行交换，从而与之交互的部件不必了解交换内容或其内部架构（封装规则）。

因此，属于不同父部件的两个子部件的端口之间的链接，通过子部件端口和父部件端口之间的委托链接以及交换链接传递。

交换分组（用于综合或组织）由交换类别的概念表示，它类似于功能交换的概念（见"功能交换"），类别表示一组语义（内容、用法等方面）上接近的交换，类别可以是结构化的，一组交换也可以与一个或多个类别和（或）子类别关联。

19.8　逻辑部件

逻辑部件是在逻辑架构的概念级别上（原则上是抽象的）描述的系统部件。

逻辑部件具有行为部件的所有属性，但是它不驻留在主机部件上。

19.9　主机物理部件

主机物理部件是多个行为部件驻留其中的物理部件，为行为部件提供运行和与环境交互所需的资源。

一个行为部件只会驻留在一个主机物理部件中（见图 19.3）。

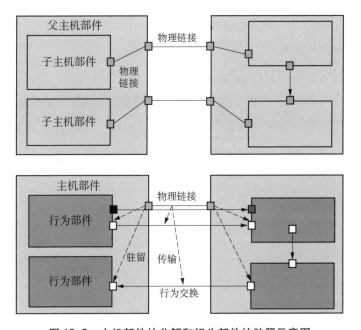

图 19.3　主机部件的分解和行为部件的驻留示意图

19.10 物理端口

物理端口是主机物理部件与其环境的连接点,它不是定向的。

因此,主机物理部件的端口有助于定义部件使用的连通性。

物理端口引用驻留在物理部件中的行为部件端口,并且可以通过物理端口访问行为部件。当部件外部的行为交换链接到一个物理端口时,行为端口应分配给一个(且仅有一个)物理端口。

父部件的物理端口与其一个或多个子部件之间的可能链接,是由物理链接(而不是委托链接)建立的。

19.11 物理链接

物理链接是两个主机物理部件之间的通信、传输或路由的方式,用于支持行为交换。

物理链接链接两个部件的两个物理端口,它可以(通过它们的端口)实现一些子部件间的链接。

物理链接可以引用其传输的行为交换[①]。

物理链接分组(用于综合或组织)由物理链接类别的概念表示,类别表示一组语义(内容、用法等方面)上接近的物理链接,类别可以结构化为树,一组物理链接也可以与一个或多个类别和(或)子类别关联。

19.12 物理路径

物理路径是对物理链接的一组有序引用集,它定义了未被物理链接链接的部件间路由的一个或多个行为交换。

物理路径可以引用它传输的行为交换(见图 19.4)。

---

① 物理链接之间的引用有时也很有用,如表示嵌套传输协议的概念、"隧道效应"等,也可以将此能力扩展到行为交换。

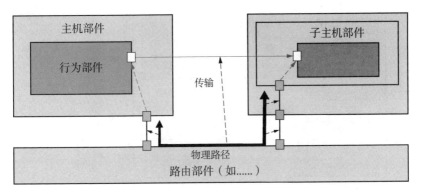

图 19.4　与行为交换相关的物理路径

19.13　行为部件场景

行为部件场景是一个时序的动态流，位于实现能力的上下文中，不同行为部件之间交换的时间轴上（通常从上到下垂直）。

一个场景由一组对行为部件的引用和链接它们的交换组成，这些交换（实际上是它们的引用）是在单个时间轴上相对排列的。

每个在场景中实现交换的引用都可以由场景上下文中的特定预期来限定（如交换项的值）。

控制序列可以定义为有时间限制的区域（因此是垂直的），以表示多个交互序列之间的并行性或交替性，或者交互序列的迭代或条件（见图 19.5）。

除了表示交换外，还可以在此部件的时间轴上指定进入每个部件的模式或状态。

类似地，进入由多个不同部件或元素组成的状态和模式的情景，可以在时间轴上由一点来表示，这种表示应当扩展到所有元素的生命线，在这种情景下该元素的状态和模式生效。

类似于功能链，场景描述了特定使用上下文中的系统行为，以服务于系统能力。

场景可以使用在其他地方定义的"子场景"，其形式是在时间轴上的两个连续交换之间插入一个引用。

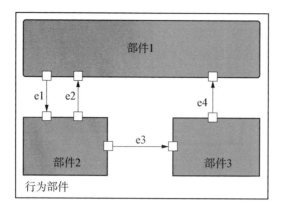

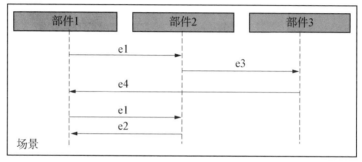

图 19.5　行为部件场景

19.14　运行分析中的架构概念和关系

　　尽管有点简化，但是运行分析视角使用了与上述分析非常相似的概念，它们之间在性质、合理性和生命周期上存在差异。

　　在图 19.6 中，箭头表示某种链接。

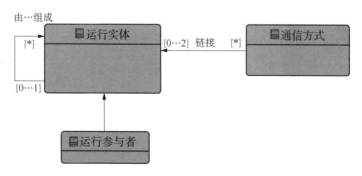

图 19.6　运行分析中的架构概念和关系

19.15 运行实体和参与者

运行实体是一个现实世界的实体（物理实体、团体或组织、另一个系统等），它执行可能贡献或影响系统的运行活动。

运行实体可以分解为子实体或参与者。

运行参与者是一种类型的运行实体，通常是人且不能分解。

19.16 通信方式

通信方式链接两个运行实体，通常伴随着两个实体之间的交互行为。

19.17 构型项

构型项是系统的一部分，它可以根据物理架构的需要被获取、设计和生产成许多的副本。组装构型项形成每个系统副本。

最常见的项目类型有硬件构型项（hardware configuration items，HWCI）、计算机软件构型项（computer software configuration items，CSCI）、接口构型项（interface configuration items，ICI）、未开发构型项（non-developed configuration items，NDCI）或商用货架产品构型项（commercial off-the-shelf configuration items，COTCI）。

几个构型项可以组合成一个基本项，以定义产品的分解结构，系统通常位于结构根部。

每个物理架构元素都应该由至少一个引用它的构型项表示。如果物理架构中有多个构型项副本，则在产品分解结构中只指示一次相关的项，但需详细说明所需的副本数。

20 功能描述和结构化描述之间的链接

20.1 功能描述和结构化描述之间的概念和关系

注意：在本章中，除非另有明确说明，否则结构部分都是指行为部分（行为部件、端口和交换）。

图 20.1 和图 20.2 表示使用的主要概念及其关系。

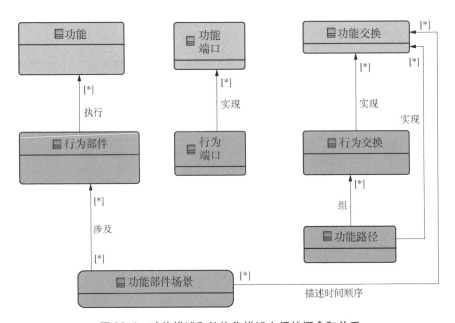

图 20.1 功能描述和结构化描述之间的概念和关系

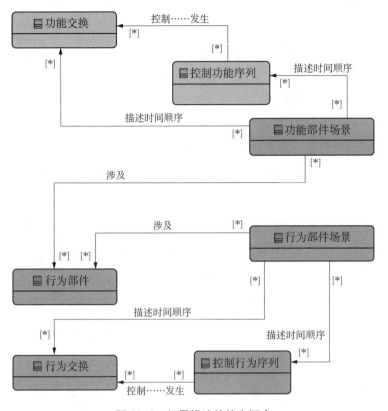

图 20.2 场景描述的补充概念

20.2 执行功能

任何的叶功能（或终端功能，即没有子功能）都应分配给唯一的一个逻辑部件或者行为部件，该部件负责执行和呈现此功能。

但出于简化考虑，允许将功能直接分配给系统或者参与者。

如果行为部件被分解（父部件），那么它执行的所有功能都应分配给它的下级部件（子部件）。

20.3 实现功能端口

一旦与部件外部进行的功能交换连接到此端口，执行与此端口相关功能的部件所使用的任何功能端口都应分配并且仅分配给此部件的一个行为端口。

行为端口对应它实现的功能端口。

20.4　实现功能交换

分配给两个行为部件的两个功能，它们之间的功能交换应该由这两个部件之间的一个且仅有一个行为交换来实现，行为交换引用它实现的所有功能交换。

通常，行为交换表示它实现或分组的几个功能交换的综合（见图20.3）。

行为交换的方向是完全依照惯例确定的，但是它应当被系统地、有规律地加以应用。最常采用的惯例：行为交换的方向是源部件和目标部件之间依赖关系的方向（目标部件依赖于源部件）。在数据依赖关系（材料、流程、消息、时间、共享数据等）占大多数的情况下，交换方向就会是从主要数据交换的提供者到他们的用户。

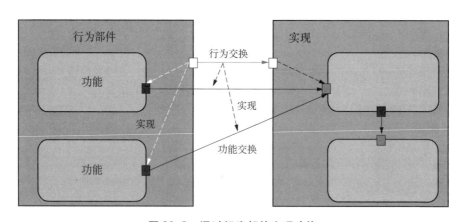

图20.3　通过行为部件实现功能

260

20.5　功能路径

功能路径是行为端口之间的行为交换和委托链接的有序引用集，它定义了一个连续的路径，该路径在分配给源部件和目标部件的两个功能之间，实现了一个或多个功能交换（见图 20.4）。

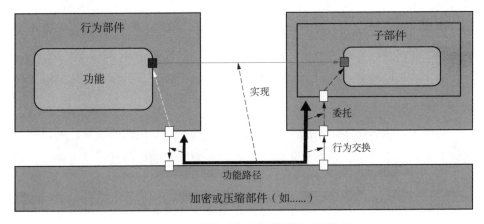

图 20.4 一种与功能交换关联的功能路径

功能路径对应它实现的功能交换和委托链接。

20.6 功能部件场景

功能部件场景是一个时序的动态流，位于实现能力的上下文中，不同行为部件之间交换的时间轴上（通常从上到下垂直）。

功能部件场景由一组将部件实现功能链接起来的部件引用和功能交换组成，这些交换（实际上是它们的引用）是在单个时间轴上相对排列的。部件实现的某项功能可以在时间轴上找到与之对应的详细说明，然后在场景描述中添加引用（见图 20.5）。

每个在场景中实现功能或交换

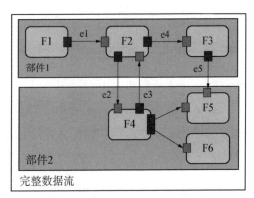

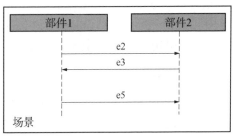

注：e1—交换 1；F1—功能 1

图 20.5 一个功能部件的场景

的引用都可以由场景上下文中的特定预期来限定（如交换项或功能属性应该取的值）。

控制序列可以定义为有时间限制的区域（因此是垂直的），以表示多个交互序列之间的并行性或可选性，或者交互序列的迭代或条件。

除了表示交换外，还可以在此部件的时间轴上指定进入每个部件的模式或状态。

类似地，进入由多个不同部件或元素组成的状态和模式的情景，可以在时间轴上由一点来表示，这种表示应当扩展到所有元素的生命线，在这种情景下该元素的状态和模式生效。

类似于功能链，场景描述了特定使用上下文中的系统行为，以服务于系统能力。

一个场景可以使用其他地方定义的"子场景"，其形式是在时间轴上的两个连续交换之间插入一个引用。

20.7 数据流、状态和模式以及场景或功能链之间的链接

上面介绍的不同概念都相互链接，以形成对系统行为的一致全局描述。本节回顾这些链接的主要内容。

模式机或状态机特别地描述单个模型元素，该元素可能是系统、部件、参与者或运行实体，它们的转换由功能数据流的元素控制。

构型可以引用任何模型元素（虽然大多数情况是引用功能或部件）。当状态或模式处于激活状态时，由它决定所引用的构型指定的模型元素是否可用。

情景引用一个或多个元素（系统、部件、参与者和运行实体）的几个状态和/或模式。

部件场景可以在时间轴上表示到新情景的转换。

数据流、功能链、状态、模式和场景之间的主要链接关系如图 20.6 和图 20.7 所示。

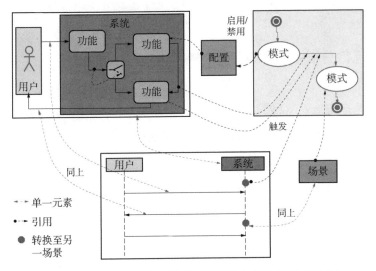

图 20.6 数据流、状态和模式以及场景之间的链接（部分）

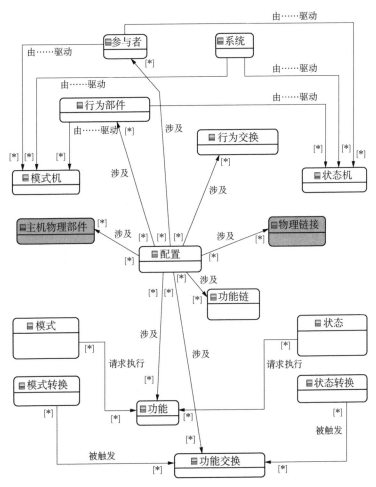

图 20.7 状态、模式、功能描述和结构化描述相关的概念和关系（部分）

20.8 运行分析中功能描述和结构化描述之间的链接

任何叶运行活动（或终端运行活动，即没有子活动）都应分配给唯一的一个运行实体，该实体负责执行和呈现此活动。

分配给两个运行实体的运行活动，它们之间的交互应该由这两个实体之间的一种且仅有一种通信方式来实现，通信方式引用它实现的所有交互。

运行实体场景是一个时序的动态流，位于实现能力的上下文中，不同参与者或运行实体之间交换的时间轴上（通常从上到下垂直）。

一个场景由一组对参与者或运行实体的引用和链接它们实现的活动的运行交互组成，这些交互（实际上是它们的引用）是在单个时间轴上相对排列的。实现的活动可以在时间轴上找到与之对应的详细说明，然后在场景描述中添加引用。

图 20.8 总结了这些概念之间的主要联系。

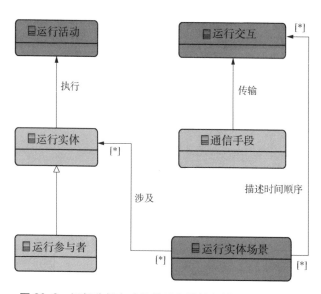

图 20.8　运行分析中功能描述和结构化描述之间的链接

20.9　简化表示方式

　　为了方便起见，可以进行简化表示，尤其是涉及整个系统或参与者的交互时。

　　原则上，任何功能都应该分配给行为部件，功能本身驻留在一个由系统或外部参与者承载的主机部件上，则可进行如下简化。

　　（1）直接将功能分配给系统（仅在系统需求分析中）或参与者。

　　（2）由系统（仅在逻辑架构中）或参与者直接驻留行为部件。

　　（3）由系统（仅在系统需求分析中）或参与者直接承载行为或物理端口。

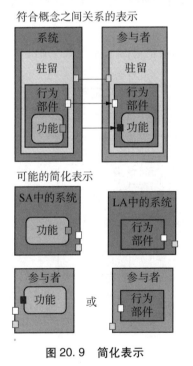

图 20.9　简化表示

21 数据交换概念及其与功能和结构化概念的链接

21.1 数据交换中涉及的概念和关系及其应用

注意：在本章中，除非特别标明，有关架构的部分都是指行为部分（行为部件、端口和交换）。

图 21.1 表示使用的主要概念和关系及其应用。

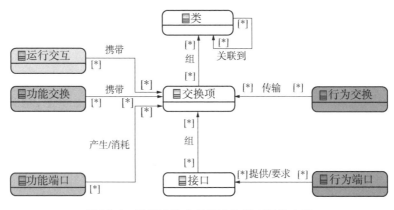

图 21.1 数据交换中的概念和关系及其应用

21.2 交换项

交换项是在功能、部件和参与者之间的交互或交换过程中，对路由到一起的元素的有序引用集。

这些交换项在相同条件下以相同的非功能性属性同时发送，被称为数据，并由它们所属的类描述。

交换项的定义如下。

（1）名称。

（2）交换项中的元素列表，每个元素在交换项中都以名称和所属的类来定义。如果交换是双向的，还将包括传输方向（按照惯例，"in"表示默认交换方向；"out"表示相反方向；"in/out"表示双向）。

（3）通信条件的描述（如需要），如服务、消息、事件、数据流、共享数据、物质流、物理量等。

21.3 数据模型 类

一段数据[①]是由功能或部件生成或使用的元素，并沿着它们之间的一个或多个交换进行路由。

一段数据是数据类（或类型）的一个示例或实例，数据类描述了系统使用的所有类似数据的共同属性（特征）。

类的定义如下。

（1）名称。

（2）以自己的方式描述类中每个数据命名属性（或性质）的列表。

（3）与其他类的潜在关系，可以是组合关系（"is compose of"）、特征化关系（"is kind of"）、使用关系（"uses"）。

数据模型是一组数据类以及它们之间的关系，数据模型也包含使用这些数据的交换项和接口的定义。

21.4 将交换项分配到功能端口和交换

一个功能上的每个功能端口都至少应分配一个交换项，以描述功能可能产生或需要的内容。

---

① 术语"数据"应在最通用的意义上使用，一段数据可以表示信号、图像或信息，也可以表示流体的物理状态（压力、温度、体积、黏度等）、物理量（力、扭矩、速度、温度、光等）。

这个交换项可以由几个端口共享，尤其应由功能交换两端的端口共享。

如果一个端口带有多个交换项，那么需要在每个与其相连的功能交换上指定路由的交换项，该交换项应与它连接的另一端口的交换项一致。此外，为了方便起见，可以先将一个交换项分配给一个交换，然后再将它传播到与之相连的端口（见图21.2）。

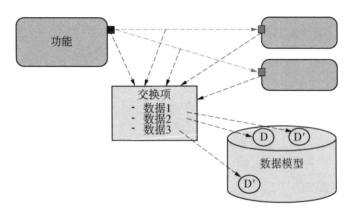

图21.2　交换项到功能端口和交换的分配

建议在每个功能交换上只定义一个交换项。

在运行分析中，还可以通过交换项来描述运行交互的内容。

21.5　将交换项分配给行为交换

原则上，行为交换的内容已经由它实现的功能交换传输的交换项定义，但是明确指定此内容可能很有用。例如，当交互只影响某些接口提供的交换项时，或者功能交换项的物理实现与它们的功能表示不同时〔一种可能的情况是此实现将两个功能交换（请求/响应）转换为单个行为服务交换〕。

21.6　数据的类型和实例

数据模型定义了数据类型（它们的类）和交换项。

功能和部件实际使用的数据是这些类的实例，在类级别定义的属性上，每个数据都有自己的值。

在部件之间的通信中，每个由功能或行为交换路由的交换项都是在数据模型中定义类型的实例，它所分组的数据本身就是定义类型的实例，每个实例都由它在交换项中的名称标识。

21.7 接口

接口是一组语义上一致的交换项，允许两个部件（以及系统和参与者）借助它们之间共享的通信"协议"进行通信。

多个接口可以组成一个覆盖它们的接口，其中多个接口可以与一些交换项共存。

21.8 为行为部件端口分配接口

一个部件中的每个行为端口都至少应分配一个接口，以描述部件可生成或需要的交换项。

因此，分配给行为部件端口的接口也有助于定义每次使用时都应遵守的"用户手册"功能。这有助于行为部件的独立定义，即使它未链接到其他部件，也可使其在多个上下文中重用而不产生歧义。

一个接口可以由多个部件共享，尤其应由行为交换两端的行为端口共享。

21.9 交换、交换项和接口之间的链接

通常，功能和接口交换项应该相同，更准确地说，在部件执行功能的功能端口中的所有交换项，都应该由实现这些功能端口的行为端口引用的接口之一引用。功能交换和行为交换所携带的交换项应相同（见图21.3）。

反之，如果两个功能交换由合并其交换项的单个行为交换实现，则应在功能描述使用的交换项和结构化描述定义的交换项之间定义实现链接。

如果一个功能交换带有一个交换项，那么它应该与分配给相连端口的交换

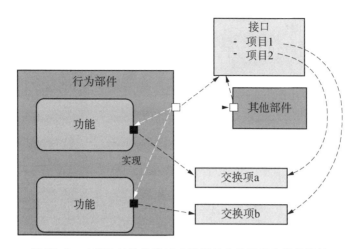

图 21.3 功能和结构化描述中涉及的交换元素之间的链接

项一致。

如果一个行为交换带有一个交换项，那么它应该与存在于相连端口接口的交换项一致（见图 21.4）。

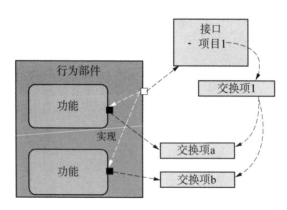

图 21.4 一个交换项特定实现的示例

21.10 交互角色和接口使用

交互角色通过将接口限定分配给部件的某个行为端口来表示部件使用接口的方式，它附加到从行为端口到接口的链接。

实际上，接口只定义在部件之间交互的数据及其组织，而不定义交换中哪一个部件是起点或终点，根据接口的部件端口的角色属性定义部件交换的方向，此处设想两种策略。

例如，在生产者/消费者类型的情况下，即频繁的数据驱动依赖的情况（材料、流、消息、事件、共享数据等），可能只要定义两种角色。

（1）提供接口描述的数据的角色（provide）（常错误地称为"提供接口"）。

（2）使用接口描述的数据的角色（require）。

所有涉及接口交换项的交换方向都是从生产者到消费者（单向），但这意味着需要双向交换的交互应该由两个接口和相反的角色来描述（很受约束）。

通常情况下，如果希望避免这种单向约束，将定义以下概念。

（1）在接口中定义一些角色，以限定可能使用该接口的交互的不同贡献。

（2）每个接口交换项引用源角色并携带此交换项的交换的目标角色。

（3）对于每个分配有此接口的部件行为端口，端口和接口之间的链接引用部件在交互中所扮演的角色。

上述情况，接口可以在两个方向上进行交换。

21.11 交互协议

交互协议是一个动态描述，用于在多个部件之间的交互中实现一个或多个接口。

此实现需要定义所涉及的部件、端口和接口、有效的潜在功能、功能和行为交换及其时序等。此外，此协议应定义为在交互期间可重用并应用于多组部件的形式，涉及一个根据需要多次应用于模型中的建模"模式"。

交互协议描述如下。

（1）名称。

（2）协议中实现的一个或多个接口。

（3）至少定义两个协议中的角色。

（4）每个角色涉及的功能、功能端口和行为端口，以及相关的接口和角色。

（5）在先前端口之间路由接口交换项的功能和行为交换。

（6）交互模式机：控制交互进程的全局模式机（附加到系统）以及每个角色的模式机，以控制其对交互的演化和贡献。

（7）与角色相关的部件场景（包括交互模式机的演化），以描述先前交换发生的顺序。

22 其他概念

本章仅列出一些用于特定问题的概念，在运行上下文中实现方法时，这些概念被证明是有价值且有时是至关重要的。然而，此书的局限性不允许详细讨论它们。

22.1 产品线工程概念

有关产品线管理，参见第 15 章（对产品线工程的贡献）中提到的概念，包括如下概念。

22.1.1 变体

变体是备选方案中的一个基本选择，它构成需求定义和（或）系统解决方案定义的一部分。

每个变体都与工程产物链接，并与描述它的模型元素链接。

22.1.2 可变点

可变点是应用于需要和/或系统解决方案的单个部分的一组变体，根据每个可变点形成不同的备选方案。从可能的变体中，根据不同的形式进行选择，如下。

（1）可选项：每种变体都可以自由选择（或不），与其他变体的情况无关。

（2）互斥项：应选择一种且只能一种变体。

（3）多选项：至少应选择一种变体。

这些形式也适用于与每个变体关联的模型元素和工程产物。

22.1.3 可变性模型

可变性模型是一个图表，大部分为树状结构，用于描述给定产品线可能的不同可变点。每个可变点形成特征模型的一个节点，其变体是子节点，每一个分支都代表源自可变点的一个变体。

每个节点都应描述为强制的或可选的，节点的形式适用于所有源自它的分支。最后，可以指定变体之间的依赖关系——互斥或依赖。

22.1.4 项目构型

给定项目的产品构型是一组基本选择，它为特征模型中的每个可变点选择适合项目的变体，从而定义适合项目产品版本的内容。

22.2 集成、验证和确认方法的概念

22.2.1 集成版本

系统集成版本以所需功能版本的形式，描述集成、验证和确认阶段以及提供功能版本的集成构型。

22.2.2 功能版本

系统的功能版本是给定集成版本中所需（或可用）的一组功能模型元素（能力、场景、功能链、功能等）。

22.2.3 部件功能内容

部件的功能内容是指部件中涉及的一组在给定的系统功能版本中需要的功能项（功能、交换、对场景或功能链的贡献）。

22.2.4 集成构型

集成构型是一组用于集成阶段的结构元素（行为和主机部件、交换、物理链接等）及其功能内容。

集成构型可以包括系统元素和测试手段。

22.2.5 集成、验证和确认策略

集成、验证和确认策略是连续集成版本的时序图，描述了每个集成、验证和确认阶段的预期功能描述以及要集成和测试项的构成。

22.2.6 测试用例

测试用例即有助于验证给定的系统集成版本的场景或功能链，它指定了场景或功能链的运行条件以及所需的测试手段、预期的测试结果等。

22.2.7 测试活动

测试活动是验证给定的系统集成版本所需的一组测试用例，测试活动可以指定所需的测试手段。

22.3 此处未详细说明的其他概念

本书不详细介绍其他概念，如指定测试手段的扩展、描述架构备选方案的支持概念、不同综合需要的分组元素、状态模式机和数据流条件的细节等。

非正式需求及其与模型的链接，或是基于特定特性的模型需求识别都没有被详细解释，即使它们广义上是方法和建模的一个有机组成部分。

最后，每个工程领域和分析视点都会引入自己的概念，太过具体，不在此详述。

23　构建全局模型

23.1　ARCADIA 模型的结构

ARCADIA 模型存在于每个工程层级和系统部分中。

[示例]　　对于本书第一部分描述的交通管制系统，如下。

（1）交通管制系统的整体模型。

（2）每个子系统的模型，包括控制系统、升降式路障和平交路口防护装置等。

（3）控制子系统的模型，包括软件、高性能电脑主板等。

每个模型根据视角分为多个子模型。

（1）运行分析（OA）子模型。

（2）系统需要分析（SA）子模型。

（3）逻辑架构（LA）子模型。

（4）物理架构（PA）子模型。

（5）产品分解结构（PBS）描述子模型。

上述每一个子模型都通过模型元素之间的追溯和理由链接到前一个子模型，依赖性总是向上的：从系统需要分析到运行分析；从逻辑架构到系统需要分析；从物理架构到逻辑架构；从产品分解结构到物理架构。

上述每个子模型中，与视角相关的不同功能和结构视点也被分开。

（1）数据和接口模型的描述。

（2）功能描述。

（3）行为结构化描述。

（4）主机资源的结构化描述。

每个描述都通过分配、性能、实现链接等链接到同一子模型的前一个描述，后面将对此进行描述。依赖性也总是向上的：从功能层面到数据；从行为层面到功能层面和数据；从资源到行为层面（见图23.1）。

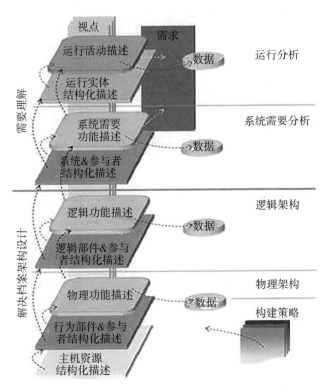

图 23.1 构建 ARCADIA 模型的主要视图和视角

以上每种类型的视图都有自己的结构。

（1）每个结构化描述由部件（行为/逻辑类型或主机资源类型）的"树"组成。

（2）数据模型可以自由组织，通常由一个或多个数据图、交换项和接口组成。

（3）每个功能描述由任务和能力构成，如图23.2所示。一个任务引用了它需要实现的几个功能，一个能力由许多场景和功能链（它可以与其他能力共享）来说明，在任务所需的能力下，这些场景和功能链定义了从部分数据流中执行功能和交换的条件。

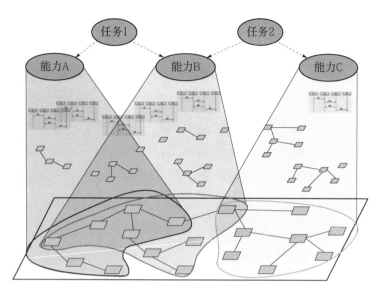

图 23.2　某视角下的功能结构图

23.2　支持备选方案的模型细化

上文所述 ARCADIA 模型的结构旨在提供最初（有限）的可能性来描述多种备选架构，从而无须多次重新定义所有备选方案共用的模型部分。

因此，通过组装子模型和描述，可以构建下列内容。

（1）对于单个运行分析，多个系统需要备选方案（分配给系统的不同功能和角色）。

（2）对于单个系统需求，多个响应它的逻辑架构（各种结构分解）。

（3）对于单个逻辑架构，多个物理架构（使用不同的技术）。

（4）对于单个功能定义[①]，多个部件的分解和分配（用于比较性能或安全性）。

（5）对于单个行为架构，多个不同资源的实现方式（在计算器网络上测试多个用途）。

[①] 这一点（见图 23.3）体现在所有视角（分配给运行分析中的运行实体、系统需要分析中的系统和参与者，以及逻辑架构或物理架构中的逻辑或行为部件的备选方案）。

（6）对于单个概念数据模型，在给定的层级（如逻辑架构），多个物理实现的数据模型（取决于项目和技术）。

更进一步，结合用于产品政策中的可变性管理（见第 15 章），可复制元素的使用（见第 23 章 23.6 节）定义任何架构备选方案，并通过重用可复制元素或参考通用的共享元素将建模成本最小化。

最后，这种结构还可以在现有部件被重用的情况下，对比需要与解决方案，如第 15 章 15.4.3 节所示。

（1）运行分析和系统需要分析捕获客户需要。

（2）逻辑架构将满足这一需要的架构形式化。

（3）物理架构通过重用现有部件来描述可能的架构（应对比前一个架构）。

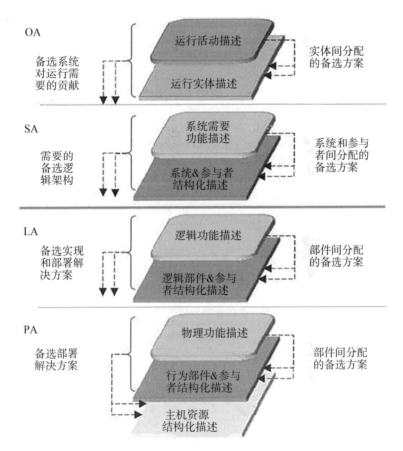

图 23.3　使用模型结构定义备选方案的示例

23.3 在视角中使用语言概念

表 23.1~表 23.5 给出了上述概念在 ARCADIA 主要视角中的分布。

前文大部分概念在多个视角中都有使用。最重要的是由视角的命名特征来限定系统功能、逻辑功能、物理功能或逻辑部件和行为部件。

在表 23.3~表 23.5 中，粗体表示从一个视角到下一个视角增加或重命名的概念。

23.3.1 运行分析

表 23.1　运行分析中的概念使用

运行分析		
功能概念		运行任务、运行能力、运行活动、运行交互、运行过程、运行场景、模式和状态、转换、构型、情景
结构概念	行为	运行实体、运行参与者、行为交换场景
	主机物理资源	运行实体、运行主体、通信方式
数据和接口模型		类、交换项

23.3.2 系统需要分析

表 23.2　系统需求分析中的概念使用

系统需要分析		
功能概念		系统任务、系统能力、系统功能、功能端口、功能交换、功能链、功能场景、模式和状态、转换、构型、情景
结构概念	行为	参与者、系统、行为端口、行为交换、行为交换场景
	主机物理资源	参与者、系统、物理端口、物理链接
数据和接口模型		类、交换项、接口

23.3.3 逻辑架构

表 23.3 逻辑架构中的概念使用

逻辑架构		
功能概念		系统任务、系统能力、**逻辑**功能、功能端口、功能交换、功能链、功能场景，模式和状态，转换，构型，情景
结构概念	行为	参与者、系统、行为端口、行为交换、**逻辑部件**、行为交换场景、**功能路径**
	主机物理资源	参与者、系统、物理端口、物理链接
数据和接口模型		类、交换项、接口

23.3.4 物理架构

表 23.4 物理架构中的概念使用

物理架构		
功能概念		系统任务、系统能力、**物理**功能、功能端口、功能交换、功能链、功能场景、模式和状态、转换、构型、情景
结构概念	行为	参与者、系统、行为端口、行为交换、**行为**部件、行为交换场景、功能路径
	主机物理资源	参与者、系统、物理端口、物理链接、**主机物理部件**、**物理路径**
数据和接口模型		类、交换项、接口

23.3.5 产品分解结构

表 23.5 产品分解结构中的概念使用

产品分解结构		
功能概念		无
结构概念	行为	构型项
	主机物理资源	构型项
数据和接口模型		无

23.4 模型中的链接范围

前面章节中介绍的概念之间的链接基本都局限在单一视角：例如，逻辑功能和物理架构的行为部件之间的链接是不允许的。

例外的链接是与文档需求之间的链接（不在此处所考虑的范围之内）、追溯和理由链接（在专门章节中说明）以及使用数据模型元素的链接。

实际上，用于分配从某视角的端口或交换到交换项或接口的链接，可以引用先前视角中定义的数据项或接口。

23.5 模型元素之间的可追溯性

每个视角的模型元素通过追溯和理由链接链接到先前（或更靠前）视角的模型元素。

在大多数情况下，这些链接链接具有相同性质的元素，如表 23.6 所示（并不详尽）。

表 23.6　主要的可追溯性链接（不详尽）

PA		LA		SA		OA
系统任务	→	系统任务	→	系统任务	→	运行任务
系统能力	→	系统能力	→	系统能力	→	运行能力
功能链	→	功能链	→	功能链	→	运行过程
场景	→	场景	→	场景	→	场景
系统、参与者	→	系统、参与者	→	系统、参与者	→	运行实体
物理功能	→	逻辑功能	→	系统功能	→	运行活动
行为部件	→	逻辑部件				
主机物理部件	→	逻辑部件				
类	→	类	→	类	→	类
交换项	→	交换项	→	交换项	→	交换项
接口	→	接口	→	接口	→	

此外，在产品分解结构中，构型项可以链接到物理架构中的行为部件、主机部件以及物理链接和端口。

不过，不同性质的模型元素之间的链接是可用的：例如，系统和参与者之间的交换或物理链接可以在后续视角中产生负责建立链接的部件。

此外，同一透视图内部的追溯链接有时是有用的：可以引用分配给端口或功能和行为交换（如果实现与功能视图不同）的交换项之间的链接、系统级和部件级的状态或模式之间的链接等。

23.6 可复制元素集合和副本

可复制元素集合（REC）是一组模型元素，作为一种模式（通用语义中的模型）用来构建与之保持一致的副本（RPL）。

基于此概念，可以表达模型元素之间的相似性。架构师或系统工程师在构建架构时，主要根据彼此链接的具体对象来先验解释。根据第 21 章 21.3 和 21.6 节中使用的术语，他们操控的是实例而不是类型。

然而，有必要将多个模型元素归为同一类型，并防止其中的元素被错误修改。这一需求出现在所有领域和模型元素的类型中，如出于安全原因的冗余功能链、网络中的通用相似部件、架构中重复的处理板、动态分配给多个参与者或部件的角色等。

因此，需要做到下列几点。

（1）在建模过程的特定时刻，应指定一组作为单个整体复制的模型元素。

（2）基于此整体（即 REC）形成一个类型。

（3）将源元素转换为此类型的实例，即 RPL。

（4）基于 REC 创建其他 RPL 或实例。

（5）保持不同的 RPL 与 REC 同步，并在它们之间传播潜在的演化（REC 演化后更新有关的 RPL、传播 RPL 的演化等）。

（6）为一些共享、不重复且单独使用的模型元素（如数据模型元素、交换项或接口）创建简单的参考，而非不同的 RPL。

这种机制不同于软件工程中类型/实例的机制，因为从创建 RPL 开始就要提出要形成的 REC 示例；也因为 REC 可以是任何一组元素，并可能跨越多个视角；构建 RPL 的模式比简单的实例化（创建）更复杂，它具有复杂的链接、角色的概念等。

可复制元素概念的细节和论证远远超出了本书的框架范围。

24 结论与展望

24.1 开发和使用 ARCADIA 的宝贵经验

在基于模型的系统工程引领的文化变革最终被认为可以在不同活动领域实现之前，Thales 投资了 10 年，将它在全球范围的不同单位实现应用［BON 15］。

主要的推动力来自持续不断的大量投资，既要定义 ARCADIA 模型，又要开发相应的软件工具（Capella）。与此同时，工程师们对方法的优化和应用逐步标准化，并为使用该方法的组织提供培训和支持，这极大地促进了工程师对专业知识的积极应用，并在他们自己的工作中也扮演关键角色，如系统工程师、"建模达人"、支持团队、运营经理等。越来越多的工程师相信，基于模型的系统工程是应对日益复杂系统设计的少数方法之一。

因此，几个主要观点得到了进一步明确，概括如下。

工具是至关重要的，但用户应该以自然的方式看待它，正确的方式应该是先关注于解决工程问题的方法，然后才是利用相应的工具帮助方法得以实施、支持、确保、协助它并使其自动化，并使其与面临的复杂性相兼容。

一个新方法实践过程中的主要挑战就是减少工程师在概念及其表达方式理解上的困难。要做到这一点，一种特定的建模语言是至关重要的，它既要满足架构师和工程利益攸关方的确切需求，也要尽可能与他们平常使用的手段相似。

此外，为了在运行条件下真正可用，这些语言（和支持工具）必须要适应实际工作情况，如大规模建模、维护模型的能力、功能工程、非功能约束，尤其是敏捷、进化的团队建模。

最后，整个组织应该围绕这些新的实践来整合和结构化，这些实践应该被视为竞争力的关键以及工程转化和产品质量的主要载体。

24.2 展望与未来工作

随着ARCADIA和Capella的应用以及应用它们的组织的日益成熟，各种研究和创新举措开始将方法和支持工具扩展到一些短期或更高目标的工程问题上。下面列举了一些主题，仅涉及方法而非工具，且没有任何的限制。

（1）多学科、多专业的融合，一个完整的工程和表达方法，尤其涉及下列几项。

a. 安全性（包括保密性、非易损性、网络安全等）。

b. 产品和人员的安全以及性能安全。

c. 人为因素。

d. 保障（尤其是可靠性、可用性、可维护性、可测试性）。

e. 可集成性、仿真条件和系统测试。

f. 处理或学习算法等。

（2）业务流程和数据的互操作性：生产、产品生命周期管理、交付、使用和保障支持。

（3）在实施架构之前，与问题和解决方案的定位和空间探索工作的衔接。

（4）与开发活动的衔接，特别是软件或固件。

（5）与正式验证方法的关系，与多范式仿真形式的匹配（数据流、离散事件、状态机等）配对。

（6）与多物理建模和仿真的集成。

（7）对架构备选方案的逐步概念开发和评估的支持。

24.3 对开发者和用户团体

现有文献很少提及基于模型的系统工程在大型组织机构和复杂项目中的实

施，因为这是一项复杂且花费巨大的工作。这就是为什么我们认为，详细介绍这种方法，尤其是介绍实施成功的所有必要条件是很有用的。

目前，ARCADIA 方法论及其软件工具 Capella 都可免费获得（Capella 也开放源代码，可以自由获得）。我们期待其他行业也都可以采用这种方法，营造出一个不断成长的环境，将其继续不断地扩展、丰富，并使其更进一步发展。

附录　Capella 简介：ARCADIA 基准建模工具

ARCADIA 最初的目标用户（现在仍是其大多数主要用户）主要由经验和技能各不相同且不熟悉建模的系统或专业工程师组成。正如追溯 ARCADIA 的历史一章（第1章1.2.4节）所述，这些用户第一次尝试该方法时使用的是现成的商用货架模型，然而在实际情况下，由于大型项目需要对模型共同开发，效果并不令人满意。

这促使定义和开发了一个专门为满足用户预期及其累积反馈意见的工具。目前，该工具在开源公有领域中可免费获得，名为 Capella。本附录快速介绍了一些 Capella 的独特之处，若想要获得更多详细信息和工具本身，可以访问 Capella 参考网站［POL 17a］下载。本书中所有示例建模图和模型都是用此工具创建的。

Capella 是建模环境领域的原始解决方案。篇幅所限无法展示这个工具的所有能力，所以我们重点介绍一些颇受用户赏识的能力，如方法和工具之间的紧密链接、根据用户运行需求并与用户一起开发的多种建模工具的可用性、通过技术手段使掌握设计复杂性成为可能，它是一种开源的解决方案。

A.1　方法和工具之间的紧密联系

Capella 的优势之一是它与 ARCADIA 方法论的密切联系。除了其概念定义与 ARCADIA 直接对应以外，Capella 模型中还有三个帮助和支持实施

原著中的所有图片均可在以下网址查看：www. iste. co. uk/voirin/arcadia. zip。

ARCADIA 方法论的功能。

（1）项目的模型结构与 ARCADIA 中的完全一致，支持该方法论所推广的建模理念。

（2）作为一种建模语言，Capella 实现了 ARCADIA 方法论，所有图表中，对元素的说明方式与 ARCADIA 的惯例一致。例如，绿色表示功能分析；蓝色表示结构元素；黄色表示主机资源。

（3）集成和自定义建模指南介绍了不同视角及其内容，以及构成这些视角所需的建模活动类型及示意图类型，如图 A.1 所示。

（4）此外，本指南是对模型进行"方法论"探索和"引导式浏览"的一种手段，为 Capella 模型和图表提供索引，为用户提供关键的交互界面。显然，该"探索者"对新手来说是一个很好的帮助，消除了可怕的"空白页"问题。此外，它还是指引 Capella 模型的强大工具。

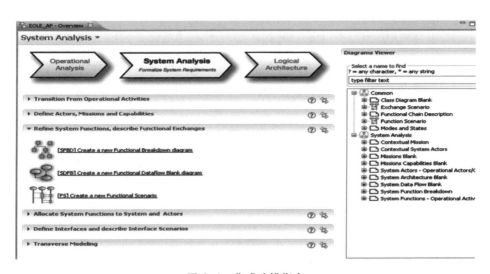

图 A.1　集成建模指南

A.2　高效的建模工具

系统模型遵循构建规则，用图形表达，其元素以多种方式相互链接。软件工具就是依靠这样的图形以及现成的模型元素再构建出其他模型，帮助最终用户高效地创建他们的模型。

最初的简单示例是部件之间的接口，这是 ARCADIA 的主要目标之一。在该方法中，各功能之间以表示依赖关系（数据、能量等）的功能交换相链接，这些依赖关系通过形式化描述（通常使用类图）指定。由于功能属于部件，根据部件功能的依赖关系，就很容易推断出部件之间接口的内容。Capella 提供专业生成算法、确认规则和相应的快速更正规则。

列举另一个示例，对于创建一个功能场景或功能链来说，该工具建议仅描述此上下文中涉及的功能交换，而非涵盖模型中的所有功能交换，这种场景化大大简化了建模。

高效或自动化的工具不仅可以加速日常的建模活动，还可以通过减少人为错误来提高模型的一致性和准确性。Capella 工具的功能还包括 ARCADIA 不同视角模型转换的自动迭代、图表之间布局的协调等。

另一个关键功能是"语义导航器"提供的即时查询功能（见图 A.2）。这个用户界面区域提供了图中所选对象的所有关系（左边是引用它的模型元素，右边是它引用的模型元素，中间是它的父子关系和出现过它的图表等）。用户可以立即查询其中一个关键链接元素，并导航到它以及它出现过的图表。

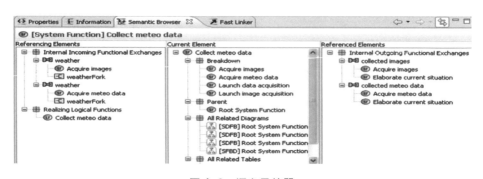

图 A.2　语义导航器

A.3　复杂性的掌握

开展基于模型的系统工程的一个重要条件，是能够应对系统日益增长的复杂性。对于建模工具来说，为掌握这种复杂性提供切实可行的帮助是至关重要的。

首先要降低意外的复杂性。通过简化底层建模概念（如与 SysML 相比），Capella 减少了学习曲线并提高了模型的可读性。

这是必要的，但却不够，还必须提供具体的机制，从而使模型更容易实现可视化和导航。最有说明性的示例是 Capella 管理功能分析的方式，经过计算的简化，提高了可读性、理解性和分析性。尤其是，Capella 实现了第 4 章 4.3 节中说明的所有用于综合和简化表示方法的机制。

此外，为了能够掌握大型模型，Capella 提供了多种建模辅助方式：通过 ARCADIA 方法论和语言定义的语义规则来验证模型的一致性和完整性；添加、删除或修改模型元素的影响分析；不同模型或版本的比较和合并；自动生成上下文关系图；图表的自动刷新或控制等。

工具还支持系统模型和子系统模型之间的自动转换、可重用部件或元素库的定义和管理、一些重复出现的建模模式的自动化等。

A.4　免费和开源访问，可扩展

就其本身而言，Capella 对于特定环境具有可扩展性或适应性的能力：对于特定需求，可以通过属性扩展或丰富现有概念实现；为了分析和验证模型，可以创建和添加新概念和规则；可以创建新的图表和表示方法；Capella 包括所有用于分析和使用模型的元素和算法，并以插件的形式展示。由于它是开放源代码，如有必要，可以通过彻底地修改源代码，进而修改工具功能。

Capella 是由 Thales 用 6 年时间开发的一个受版权保护的工具，于 2014 年成为开源（免费使用和访问源代码）工具。Capella 使用环境正在显著扩大，大型工业组织正逐步采用 ARCADIA 方法论。与其他工程或专业工具建立链接是这一开源策略的直接结果，该策略支持围绕 Capella 的开放创新。

然而，对于希望采用该方法和工具的组织来说，开源并不一定意味着"免费"。尽管对该工具的访问是开放和免费的，但通常需要有部署和指导服务来增加成功率。开源意味着"开放"：终端用户组织可以加入 Capella 工业联盟，促进其自身发展，并影响其"路线图"。

这种开放是持久性和自由性的最大保证，可以根据每个用户组织的需要定制、使用和丰富工具。免费访问该工具及其源代码可确保组织能够引领Capella的未来，并真正控制其建模环境。

参考文献

语言、程序、工程方法

［DEL 00］ DE LA BRETESCHE BERTRAND, La méthode APTE: *Analyse de la Valeur*, *Analyse Fonctionnelle*, Pétrelle, Paris, 2000.

［FEI 06］ FEILER P. H., LEWIS B. A., VESTAL S., "The SAE architecture analysis: design language (AADL) a standard for engineering performance critical systems", Computer Aided Control System Design, 2006 IEEE International Conference on Control Applications, 2006 IEEE International Symposium on Intelligent Control, pp. 1206 – 1211, Munich, Germany, October 2006.

［KRU 98］ KRUCHTEN P., The Rational Unified Process: An Introduction, Addison-Wesley, Boston, 1998.

［NAT 07］ NATO, NATO Architecture Framework Version 3, ANNEX 3 TO AC/322 (SC/1WG/1) N (2007) 0004, 2007.

［OBJ 15a］ OBJECT MANAGEMENT GROUP, OMG Unified Modeling Language™ (OMG UML) Version 2.5, Object Management Group, 2015.

［OBJ 15b］ OBJECT MANAGEMENT GROUP, Systems Modeling Language™ (SysML®), Version 1.4, Object Management Group, 2015.

［OLV 14］ OLVER A. M., RYAN M. J., "On a useful taxonomy of phases, modes, and states in systems engineering", Systems Engineering/Test and Evaluation Conference, Adelaide, Australia, 2014.

［ROS 77］ ROSS D. T., "Structured analysis (SA): A language for communicating ideas", IEEE Transactions on Software Engineering, vol. SE – 3, no. 1, 1977.

［WAS 11］ WASSON C. S., "System phases, modes, and states: Solutions to controversial issues" INCOSE International Symposium, Denver, USA, 2011.

关于 ARCADIA 建模方法前期工作成果

［EXE 04］ EXERTIER D., NORMAND V., "MDSysE: A model-driven systems engineering approach at THALES", INCOSE Mid-Atlantic Regional Conference, Arlington, USA, 2004.

［NOR 05］ NORMAND V., D. EXERTIER D., "Model-driven systems engineering: SysML

& the MDSysE approach at THALES", Model Driven Engineering for Distributed, Real-time and Embedded Systems, Hermes Science Publishing, London, 2005.

关于 ARCADIA 的出版物

[ARN 13] ARNOULD V., VOIRIN J.-L., "Toward integrated multi-level engineering-Thales and DCNS advanced practices", Maritime & Air Systems & Technologies, Gdansk, Poland, 2013.

[BON 14] BONNET S., LESTIDEAU F., VOIRIN J.-L., "Arcadia and Capella on the field: Real-world MBSE use cases", MBSE Symposium, Canberra, Australia, October 27, 2014.

[BON 15] BONNET S., VOIRIN J.-L, NORMAND V. et al., "Implementing the MBSE cultural change: Organization, coaching and lessons learned", INCOSE Symposium, Seattle, USA, June 2015.

[BON 16] BONNET S., VOIRIN J.-L., EXERTIER D. et al., "Not (strictly) relying on SysML for an MBSE solution: the Arcadia/Capella rationale" IEEE Systems Conference, Orlando, USA, November, 2016.

[BON 17] BONNET S., VOIRIN J.-L., NORMAND V. et al., "Modeling system modes, states, configurations with Arcadia and Capella: Method and tool perspectives", INCOSE Symposium, Adelaide, Australia, 2017.

[ROQ 18] ROQUES P., Systems Architecture Modeling with the Arcadia Method: A Practical Guide to CAPELLA, ISTE Press Ltd, London and Elsevier Ltd, Oxford, 2018.

[VOI 08] VOIRIN J.-L., "Method & tools for constrained system architecting", INCOSE Symposium, Utrecht, The Netherlands, 2008.

[VOI 10a] VOIRIN J.-L., "Method and tools to secure and support collaborative architecting of constrained systems", 27th Congress of the International Council of the Aeronautical Science (ICAS), Nice, France, 2010.

[VOI 10b] VOIRIN J.-L., "Model-driven architecture building for constrained systems", Complex Systems Design & Management Conference, Paris, France, 2010.

[VOI 12] VOIRIN J.-L., "Modelling languages for functional analysis put to the test of real life", Complex Systems Design & Management Conference, Paris, France, 2012.

[VOI 13a] VOIRIN J.-L., BONNET S., "ARCADIA: Model-based collaboration for system, software and hardware engineering", Complex Systems Design & Management Conference, Paris, France, 2013.

[VOI 13b] VOIRIN J.-L., "La modélisation chez Thales: un support majeur à la collaboration des acteurs dans l'ingénierie des grands systèmes", Congrès Ingénierie des grands programmes et systèmes complexes, Arcachon, France, 2013.

[VOI 14] VOIRIN J.-L., "Feedbacks on system engineering-ARCADIA, a model-based method for architecture-centric engineering", MDD4DRES ENSTA Summer School, Aber Wrac'h, France, 2014.

[VOI 15a] VOIRIN J.-L., BONNET S., NORMAND V. et al., "Model-driven IVV management with Arcadia and Capella", Complex Systems Design & Management Conference, Paris, France, 2015.

[VOI 15b]　VOIRIN J. -L. , BONNET S. , NORMAND V. et al. , "From initial investigations up to large-scale rollout of an MBSE method and its supporting workbench: the Thales experience", INCOSE Symposium, Seattle, USA, 2015.

[VOI 16]　VOIRIN J. -L. , BONNET S. , NORMAND V. et al. , "Simplifying (and enriching) SysML to perform functional analysis and model instances", INCOSE Symposium, Edinburgh, UK, 2016.

关于 ARCADIA 和 Capella 信息的超链接

[ARC 15]　ARCADIA, download. polarsys. org/capella/publis/An_ Introduction_ to_ Arcadia_ 20150115. pdf, 2015.

[CLA 15]　CLARITY CONSORTIUM, available at http: //www. clarity-se. org, 2015.

[POL 17a]　CAPELLA, available at https: //www. polarsys. org/capella, 2017.

[POL 17b]　POLARSYS INDUSTRY WORKING GROUP, available at https: //www. polarsys. org, 2017.

索　引